|図説|

渥美半島
太平洋岸の海岸線を追う
—表浜海岸の侵食を見直すことから—

Contents
もくじ

本書は、海岸侵食の見直しから始まって、次の6つのテーマが相互に関わり合いながら出てきます。

> ■:太平洋岸の地形　■:海食崖の後退　■:消えた伊勢街道
> ■:地震による海食崖の崩落　■:砂浜の変化　■:集落の移転

そこで、表浜で起こってきたさまざまな事象について、半島基部の白須賀から半島先端の伊良湖岬までを東から西へ伊勢街道を旅するような流れに構成しました。

各見出しをテーマごとに6色に色分けしてありますので、関心のあるテーマを選んで拾い読みをしていただくことも可能です。

本書では、古文書や絵図に記録が残されている江戸時代以降について検証していくことにしました。また、本書で扱っている「伊勢街道(熊野街道)」は、江戸時代以前から表浜海岸の砂浜を通っていた東国から伊勢・熊野方面へ向かう道であり、「表浜街道」は、高台に移転した表浜集落を東西に結ぶ道(明治23年の地形図に示された白須賀～伊良湖を結んでいた旧道)、「国道42号」は、県道から昇格した表浜を通る現在の国道というように区別しながら読み進めていただきたいと思います。

はじめに

右の写真は、1965年の台風直後の田原町東神戸海岸の海食崖の様子です。地層がむき出しになっている60mもの高さの崖が垂直の壁のようにそびえ、崖下には崩れ落ちた土砂も見えます。

ピラミッドのようにそそり立つ海食崖が、太平洋の荒波に対峙するかのように東西に連なる表浜の景観は、1954年に南神戸で生まれ育った筆者にとって、幼い日の原風景であり、大学で地形学を学ぶきっかけともなりました。

昭和40年当時の東神戸海岸の海食崖（田原市役所提供）

明治20年生まれの祖父から「崖の上には昔の屋敷跡がいくつもあり、崖下の海底には昔の井戸の跡もある」と聞かされ、このまま海岸侵食が進めば、どうなっていくのだろうかとも心配もしました。

昭和30年（1955）代の初めまで、表浜の砂浜では地引き網漁業が行われ、崖の上には半農半漁の村々が並んでいました。三河湾や浜松方面からの機械船が表浜沖に進出し始めると、漁獲量が激減していきました。昭和30年代後半までに表浜の村々は不安定な漁業に見切りを付け、温室園芸や露地野菜栽培へと転換を図っていきました。そして、1968年の豊川用水全面通水を契機に、渥美半島は日本屈指の先進農業地域へと発展していきました。

表浜海岸の護岸工事が1959年から始まり、消波ブロックも設置されました。その後も侵食防止工事が表浜全域で行われてきました。

一方、「砂浜が狭くなった。真夏の砂浜は焼けていて、波打ち際まで走って行くのにも苦労するほど広かった」とよく言われます。表浜を歩くと、砂浜が流失して消波ブロックや護岸壁に直接波が打ち寄せているような箇所も見られます。台風の高潮から海食崖を守ってきた広い砂浜が失われているのです。

2019年に刊行した『図説・渥美半島－地形・地質とくらし』の中の「太平洋岸の海岸侵食を再検討」で、従来言われてきたような海食崖の大きな後退は確認できなかったと指摘しました。続編に当たる本書『図解・渥美半島太平洋岸の海岸線を追う』では、江戸時代の古文書や絵図を入手して、明治23年（1890）の地形図や最新の都市計画図と対比したり、過去の写真や空中写真を現地で確認したりするなど、多角的に表浜海岸の変遷について検証を重ねました。難しい専門用語もあろうかと思いますが、写真や図版と見比べながら最後までお読みいただければ幸いです。

令和3年12月

藤城　信幸

伊良湖水道上空から見た渥美半島（田原市役所提供）　渥美半島の東西の長さは約50km、南北の幅は5〜8kmであり、東の浜名湖西岸から先端の伊良湖岬に向かって東西に細長くのびる。北は三河湾、南は太平洋、西は伊勢湾と三方を海で囲まれている。半島中央部から西方に蔵王山（標高250m）や半島最高峰の大山（328m）などの山地塊がある。

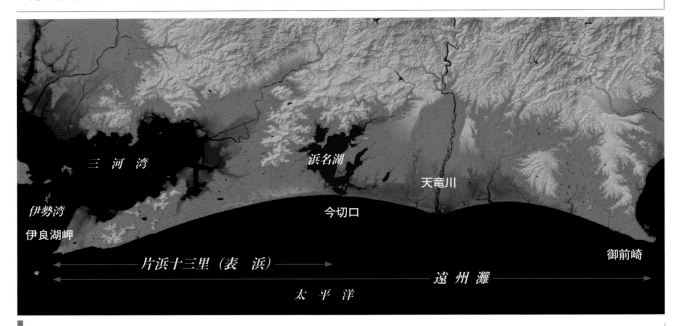

渥美半島の概要図（『地理院地図』から作成）　天竜川河口を中心に東の御前崎と西の伊良湖岬まで両方向に緩やかなカーブを描くように海岸線がのびる。この御前崎〜伊良湖岬までの約110kmの海域は「遠州灘」と呼ばれる。遠州灘は江戸時代には大坂（阪）と江戸を結ぶ重要な航路であった。しかし、常に波が荒く、冬には強い北西風が吹く遠州灘は、砂浜海岸が続いていて避難港がなかったため、海の難所として当時の船乗りに恐れられていた。

　また、伊良湖岬東側の日出の石門〜浜名湖の今切口まで、約52km（十三里）にわたって続く砂浜海岸は「片浜十三里」ともいわれていた。地元では「表浜」と呼ぶことも多く、三河湾側の「裏浜」と対比される。

　次ページの上図のように、渥美半島の東側には台地（天伯原面）が広がる。台地は南の太平洋側が高く、北の三河湾に向かって低下する。太平洋岸には海食崖が連なる。半島東部では標高70mもの海食崖が発達し、西に向かって次第に低下する。これまで表浜の海岸線は、波浪による侵食などで100年間に約100mも後退したと紹介されてきたが、この侵食については本書で改めて検討していきたい。

02 表浜東部の砂浜海岸と西部の岩礁海岸

伊良湖岬
日出の石門　小塩津
背後山地と岩礁海岸

蔵王山

大山
若見　一色ノ磯

天伯原面

直線状の海食崖と砂浜海岸

西部の背後山地と岩礁海岸、東部の海食崖と砂浜海岸（『地理院地図』から作成）

　渥美半島東部の表浜は、砂浜と海食崖が浜名湖西岸〜伊良湖岬までほぼ一直線にのびている。岩礁が見られるのは半島西部の約20kmの間で、高松一色、若見〜小塩津、日出、伊良湖岬の4か所である。いずれも背後の山地の基盤岩が波浪による侵食を受けて岬状に露出したものである。

高松一色や日出の岩礁と砂浜海岸の関係（『地理院地図』）

　右上の一色ノ磯と右下の日出の石門は、渥美半島の代表的な岩礁海岸である。背後山地の山脚部が波浪により侵食されて基盤岩が露出し岩礁をつくっている。岩礁は主にチャートという非常に固い岩石からなる。長年の波浪による侵食にも耐え、小さな岬状に海側に突出している。岩礁がなくなる西側の砂浜海岸では侵食が始まる。海食崖と砂浜海岸は、上図で示した4つの岩礁海岸の間をほぼ一直線状に結んでいる。

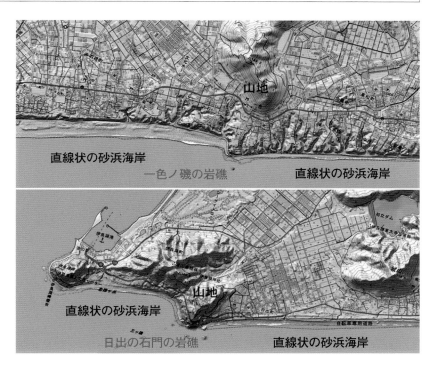

直線状の砂浜海岸
一色ノ磯の岩礁
直線状の砂浜海岸

直線状の砂浜海岸
山地
日出の石門の岩礁
直線状の砂浜海岸

潮見坂
26.6km東
浜松アクトタワー

高松一色海岸から東を望む　高松一色〜浜名湖
今切まで緩いカーブを描くように砂浜と海食崖が続く。砂浜は波浪や干満の影響を受け、日々変化している。

台風直後の高松一色海岸（2018.10.1撮影）
台風時の高潮で一夜にして砂浜が流失した。

表浜海岸は本当に1年間に1mも後退していたのか

　1923年に刊行された『渥美郡史』は、「外洋方面の崩壊」と題して「太平洋沿岸は年々波浪のために崩壊して耕地が減少して行く。…長い年代の間弛みなき波浪の力によって、時々刻々と崩壊されつつあるのである。…細谷以西半島一帯の沿岸が幾百尺とも称すべき高き絶壁をなすに至ったのは、此の崩壊のためである」と、波浪による激しい侵食にさらされる表浜海岸について記している。

　『赤羽根町史』(1968)では、「明治30年(1897)の実測図に比べて、今の赤羽根町が約70m後退していることがわかった。…平均して毎年1mほどは海岸線が後退して行くといわれる」。百科事典などにも、「(渥美半島の) 台地は太平洋側が高く三河湾側が低い。太平洋側は海食が著しく、東部では78mの高さに及ぶ海食崖が発達し、100年間におよそ100mも海岸が後退した」という解説が見られる。また、豊橋市のホームページでも、「かつてこの(表浜の)海岸線一帯の侵食は著しく、年間0.4〜1mの汀線(海岸線)の後退がみられていました」と紹介し、2010年刊行の産総研地質調査総合センターの『伊良湖岬地域の地質』では、「海岸浸食などによって海食崖は年々後退している。庄子(1978)は過去30年間に年平均1〜2m、池田(1985)は年平均1m、高橋ほか(1999)は豊橋市高塚では年平均0.4mも後退していることを示した」と海食崖の後退について解説している。

　これらの渥美半島表浜の侵食量のもとになったデータが、次の報告書に載せられている。

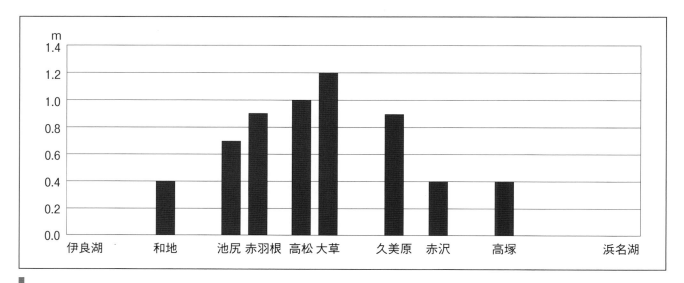

表浜の1888〜1955年における年平均侵食量(m) (建設省『海岸－30年のあゆみ－』1981をもとに作成)

　『海岸－30年のあゆみ－』(1981)では、明治21年(1888)の地籍図などをもとに、昭和30年(1955)の海岸調査結果から67年間の侵食量を8地区で割り出している。半島中央部の大草では69年間に80m、年平均1.2mも海岸線が侵食後退しているとした。この報告書の数値に基づき、田原市〜豊橋市までの表浜海岸は「1年間に平均0.4〜1mほど後退している」といわれてきたと考えられる。

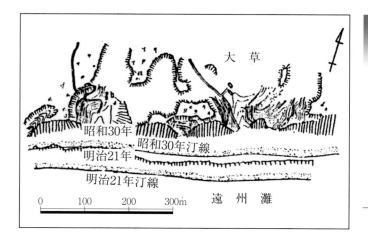

地籍図をもとにした大草の侵食変化図
(『海岸－30年のあゆみ－』1981より)

　昭和30年の海岸線との比較に使われた明治21年の地籍図は、明治政府の1873年の地租改正に伴い急遽作成された。当時の測量技術では正確さに欠け、実地と大きくかけ離れることも多かった。本書では、日本初の近代的測量方法により国が作成した明治23年測図の1/2万地形図を活用して、改めて検証していくことにする。

2009年の大草海岸
（田原市役所提供）

　表浜で最も侵食が激しく、年平均1.2mも海岸線が後退してきたとされた大草海岸の海食崖の航空写真である。

　崖一面に植生が茂っているので、現在では海食崖の侵食が進んでいないことがわかる。

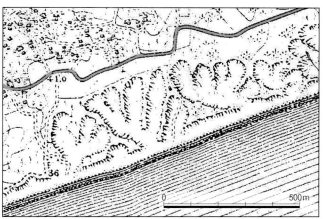

1890年の大草海岸

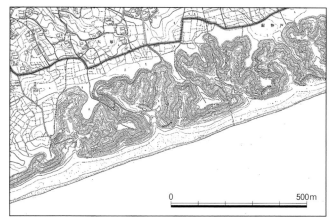

1962年の大草海岸

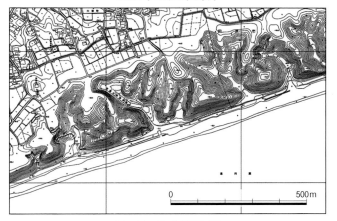

2016年の大草海岸

新旧3枚の地図から大草海岸の変化を見る

　左上が明治23年（1890）の地形図、右上が旧田原町の昭和37年（1962）、左下が田原市の2016年の都市計画図である。

　1890年の海食崖付近を通る旧道（表浜街道）と1962年の道路の位置（赤線）を重ねてみたが、72年間の海岸線の後退は読み取れなかった。

　さらに1962年と2016年の54年間でも、海食崖の形状などにも大きな違いが認められないことを理解していただけるであろう。

表浜の海食崖の海岸侵食について
　赤羽根漁港建設に向け表浜を詳細に調査した石川定は、『愛知県赤羽根漁港水理模型実験報告書4』（1967）の中で、次のように記している。

　「明治・大正年間の海岸侵食に関する史料はきわめて少なく不思議であるが、理由として推定できることは、記録に残す必要を認めなかったこと、及び侵食が少なかったことが考えられる。…

　古老の話によると、赤羽根～堀切附近の海食崖の侵食崩壊は、明治後半より昭和初期にかけてはあまり目立たず、昭和の半ば昭和19年～21年の前後3回の地震による海食崖の崩壊以降13号台風、伊勢湾台風、集中豪雨と海食崖は夥しく崩壊侵食されたとしている。…

　明治末期の赤羽根付近の海岸形状は、…海食崖は高砂、芝、灌木に覆われ現在のような累層（地層）の露出した箇所はほとんど見当たらなかったが、昭和初期に到る迄にこれら高砂は徐々に海浜に持ち去られ波浪も海食崖に達し海食崖は崩壊、侵食を受け始めたと云われている」

　石川の記述からも、海食崖が毎年1m後退し続けてきたという侵食量については疑問が残る。

写真で見比べる南神戸と高松一色の海岸線の変化

1959年

標高48m

加工場　海に下りる道

崖錐

1959年の南神戸の旧本前海岸

　伊勢湾台風直後に田原町役場が撮影した写真に加筆したものである。崖下には地引き網でとれた魚を煮干しに加工する小屋が見える。断崖状の海食崖の標高は48mで、砂礫の互層からなる。マミ砂層の露頭には雨水によって刻まれた深い溝が何本も見られる。未固結で柔らかいマミ砂層は崩れやすく、崖下には上から崩落してきた土砂（崖錐）が見られる。

2018年

護岸工事

消波ブロック

2018年の南神戸の旧本前海岸

　59年間で崖全面が植生に覆われ、地層が見えなくなった。南神戸は表浜でも特に侵食が激しいとされてきた。侵食量を年間1mとするならば、60mは後退しているはずだが、崖錐部は流失しているものの、崖の形には大きな変化は認められない。崖の前面には波浪による侵食を防止する護岸工事が行われ、消波ブロックも置かれている。

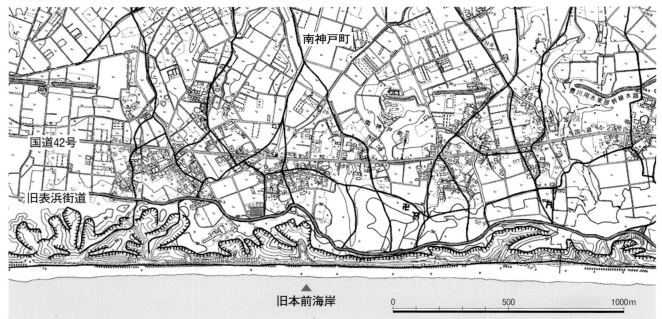

南神戸町

国道42号

旧表浜街道

豊川用水東部幹線水路

▲
旧本前海岸

0　　　　　　　　　500　　　　　　　1000m

南神戸町の海岸線の変化　　2010年の田原市都市計画図（1/1万）に1890年の地形図（1/2万）を2倍に拡大して重ね合わせた。1890年の汀線と海食崖、道路を太い実線で書き込んである。

　旧本前（現南町）では、この間に集落や寺社が国道42号側へ移転している。旧表浜街道北側の保安林には昔の屋敷跡が各所に残されている。旧本前海岸でも120年間で120mもの海食崖の後退は確認できなかった。一方、砂浜については1890年当時の方が現在よりも狭かったこともわかった。

昭和初期の高松一色海岸

（田原市博物館提供）

　約90年前の一色ノ磯の写真である。汀線から100m沖には弁天像が祀られている長さ45mの「オオイソ」があり、左には沖合を行く帆船が見える。

　1747年の田原藩奉行杉山半八郎の書付の中に「一色の大岩海の内にあり」と記されているので、274年前にもオオイソは海中にあったと考えられる。

2021年1月31日の高松一色海岸

　左の写真は、上の写真と同じ位置から撮った現在の一色海岸である。

　沖合には90年ほど前と全く同じ形のオオイソが見え、汀線付近の岩の位置や形がほとんど変化していないことに気付いた。一色ノ磯一帯の岩礁を構成している岩石は、非常に固く侵食にも強いチャートである。高松一帯の侵食量は年平均1mといわれてきたが、2枚の写真からは90mもの海岸線の後退は確認できなかった。

明治23年（1890）測図の一色海岸の地形図

（国土地理院の地形図）

　130年前に大日本帝国陸地測量部によって作成された高松一色周辺の1/2万の実測図である。背後に尾村山（標高189m）があり、南麓部に表浜街道が通る。標高40〜30mの斜面に高松一色集落が立地している。一色ノ磯周辺は深い浸食谷をもつ海食崖と砂浜になっている。海に突き出した海岸線にだけ岩礁があり、沖合にはオオイソが見られる。

2016年作成の田原市役所の都市計画図

（田原市役所提供）

　新旧2枚の地図を比較すると、オオイソの汀線からの位置や海食崖からの距離も大きく変化していない。

　西側の海岸は「太平洋ロングビーチ」と呼ばれ、サーファーが賑わう大石海岸である。この海岸は幅200mもの砂浜が広がっている。砂浜の拡大は、3kmほど西に造られた赤羽根漁港の建設と深く関わっている。この砂浜の拡大の原因ついては、36ページで改めて説明していくことにする。

今一度、表浜の海岸侵食を見直す

湖西市の6000年前の海食崖を西方に延ばしていくと、高松一色に繋がった（Google mapより）

　6000年ほど前に海面が2〜5mほど上昇した時期（縄文海進期）があり、その後の海面低下とともに日本各地に沖積平野が形成された。縄文海進では天竜川両岸の磐田原や三方原の台地前面にまで海岸線が進入した。浜名湖西岸の湖西市白須賀海岸にも6000年前の海食崖跡が残されている。この旧海食崖を西方に延ばしていくと、32km離れた高松一色の岩礁に繋がる。

　高松一色海岸については、前ページで示したように、固いチャートの岩礁が岬状に突き出し、1747年の古文書の記録や1890年の地形図と比べても、近世以降の海岸線の後退はほとんど見られないことがわかった。

長谷元屋敷遺跡と出土した津波堆積物

（『長谷元屋敷遺跡第2次発掘調査報告書』2004より）

　1985年に潮見バイパス建設に伴って道の駅潮見坂に隣接する長谷元屋敷遺跡の調査が行われた。標高5mの浜堤の下から宝永地震のものと推定された津波堆積物や集落跡などが何層にもわたって発掘された。下部から7世紀の須恵器が出土しているので、千数百年もの間、幾度もの津波にも耐えながら海食崖前面の海辺に人が住み続けていたのである。

　長谷集落や白須賀宿は、1707年の宝永地震の大津波により壊滅的な打撃を受けたために、北の台地上の現在地へ集落全体が高台移転した。

　白須賀・長谷は、片浜十三里と呼ばれた浜辺を通る伊勢街道の基点だった。次ページからは中世〜近世まで、旅人が盛んに行き交ったといわれる伊勢街道について探っていくことにする。

伊勢街道　　渥美半島の太平洋岸を通っていた伊勢街道（熊野街道）について、『愛知県歴史の道調査報告書Ⅺ－田原街道・伊勢街道－』(1994)では、次のように記している。

「中世の伊勢街道は幾度かの地形変動によって、今は遙か海中に没してしまった。…江戸時代の末になると、渥美半島の太平洋沿岸は、年々波浪によって浸食され崩壊し続けてきた。そのたびに街道を変更し、新道は旧道に比べ高地へと移動してきた。そのため、坂道の多い交通にも不便な道になってしまったようである。宝永4年(1707)の大地震では、太平洋沿岸の村落は大半が流出してしまった。これを契機に東観音寺・常光寺などをはじめ多くの寺社や村落が北方の高地に移転し、それまでの街道は修復できないまでに破壊された」

この伊勢街道に関する記述は、1923年に発刊された『渥美郡史』の下記の記述を踏襲している。

「室町時代に至る迄伊勢街道が太平洋岸に沿って本郡を縦貫して居り、伊勢へ渡る捷路として繁昌したもので、…赤羽根村に関所を設け、関銭を徴収し、其の一部を以って東観音寺造営の助けにあてた程であった。これが江戸時代の末葉になると全く其の姿を認めざるに至った。是れが原因に就いては種々ある事と思はれるが、家康の江戸に幕府を開いて以来、東海道の設備が完成して交通の容易になったことと、吉田が繁昌して船町から伊勢（二見）駿河（江尻）等への航路が開始せられたとによるが、尚一面には伊勢街道其のものが変化して交通不便を来した事にある。

元来本郡の太平洋岸は、…年々歳々波浪に侵蝕せられて崩壊するが、其の都度道路に変更を来し、新道は旧道に比し高地へ高地へと設けられるので、自ら坂道を生じ交通には頗る不便を来してくる。其の中最も伊勢街道に大変化を与へたものは宝永4年の震災である。此の時太平洋沿岸の村落は大半流出して夥しく旧態を変じ、之れを一区画として東観音寺、常光寺等を始め幾多寺社、並に村落に至る迄何れも北方の高地に移転し、従来の街道は再び修繕する事能はざる迄に破壊せられてしまった。是れが此の街道に一大影響を与へた事と思われる」

表浜の伊勢街道が衰退した要因として、「いずれも江戸幕府による東海道の整備という歴史的背景の他に海岸線の崩壊による伊勢街道の流失という地形的要因が原因である」とある。

さらに、『田原町史・下巻』(1978)では、「宝永4年(1707)には、海岸添いの村落は流失し町内の寺で百々の洞仙寺、浜田の正覚院などは北方の高地に移転したが、他村でもこうした運命に逢ったものがあったと思う」と、宝永地震の大津波による集落や寺院の高台移転について述べている。下の地図は、古文書に記された表浜の寺院の移転についてまとめたものである。

海岸侵食による寺院の移転

- ● 海岸から内陸へ移転した寺院
- ● 創建以来移転していない寺院

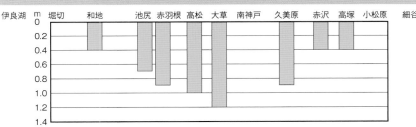

1888〜1955年における年平均侵食量(m)

上図の表浜の寺院の移転と下表の海岸侵食量のグラフを比べると、侵食が激しいとされてきた地域では、寺院の移動がほとんどなかったことがわかった。

海岸侵食量と寺院の移転

　表浜海岸から移転した寺院を地図に記すと、東半分に集中した。豊橋市では1707年の宝永津波によって、ほぼ全ての12寺院が移転を余儀なくされている。逆に、侵食が激しいとされた田原市側においては、22の寺院中4つしか移転していなかった。しかも、浜田の正覚院（1400年頃移転）、堀切の常光寺（1831〜45年移転）も移転と宝永地震との関連性がなかったのである。

元禄3年（1690）小松原村外四ヶ村入会争論絵図
（豊橋市美術博物館提供、筆者が赤線で街道を強調）

絵図からは、宝永地震（1707）の17年前に上細谷村・小嶋村・小松原村・寺沢村・七根村が海食崖下の海辺にあったことがわかる。内陸部を通る街道（赤線）は山林原野を抜けて吉田や二川方面に通うために開かれた南北方向の道である。一方東西を結ぶ道はほとんどない。上細谷〜七根の集落間の往来は、もっぱら砂浜を利用し、伊勢街道も同様に砂浜を通っていたと考えられる。

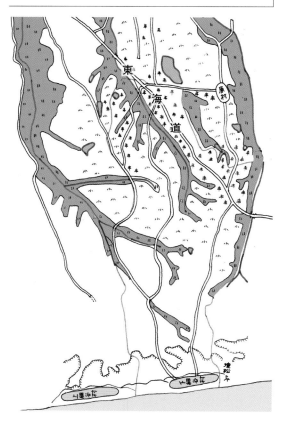

延宝7年（1679）二川村・原村・下細谷村山論裁許絵図（豊橋市美術博物館提供）

右図は左の村絵図に記された1679年のデータを、筆者が1890年の地形図上に重ね合わせて作成した地図である。南東から北西の二川町へと向かう街道は東海道である。この絵図でも台地上の道は全て南北方向を通っている。下細谷村と上細谷村は砂浜を通る道で結ばれていたのだろう。

小松原海岸にあった東観音寺の跡地

宝永地震以前に東観音寺が建っていた小松原海岸の現在の様子である。広い砂浜の向こうに樹木の茂った緩やかな海食崖が見え、谷合いには特別養護老人ホームが建っている。ここが次ページに示した宝永地震の津波で被害を受けた東観音寺の跡地にあたる。

左図には1660年頃の小松原村の状況が描かれている。集落は海食崖下の海辺に集まっている。砂浜には地引き網をひく村人や砂浜を行き交う旅人の姿が見られる。宝永地震以前の伊勢街道の賑わいが読み取れる。

江戸時代前期の小松原村絵図
（東観音寺蔵・豊橋市美術博物館提供）

絵図は約1/3600に縮尺した小松原村の実測図で、1890年の地形図と重ね合わせて作成した右側の地図と比べても、高い精度をもって描かれている。この絵図からも宝永地震以前には、小島〜西七根までの表浜集落が海辺にあったことがわかる。

台地上には集落はなく、二川道や吉田道は北に向かい、表浜集落は海食崖下の砂浜の道で結ばれていた。

右上は絵図を拡大した東観音寺の境内の様子であり、左上の東観音寺の境内図とも伽藍配置が一致している。

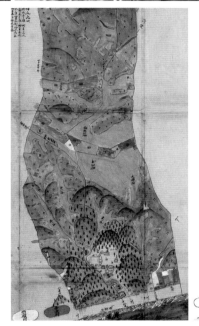

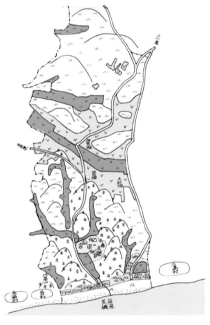

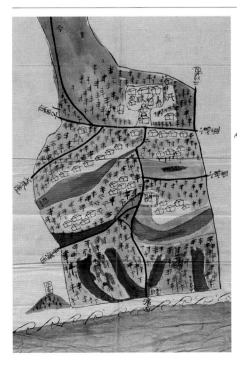

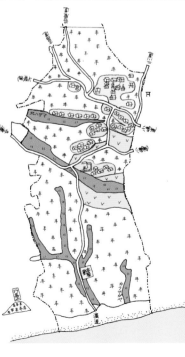

江戸時代中期以降の小松原村絵図
（東観音寺蔵・豊橋市美術博物館提供）

宝永地震と大津波に襲われ伽藍の大部分が破損した東観音寺は、7年後に1.9km北の台地上へと移転した。左の絵図は高台移転後の小松原村を描いている。上の絵図に比べ正確さに欠けるが、1890年の地形図上に表すと、村の変化の様子がわかる。東観音寺跡地が「本屋敷」と記され、移転した家屋は、田畑以外の山林を切り開き建てられた。集落の位置は1890年の地形図と比べて大きな変化がない。小島や寺沢、七根の集落を結ぶ生活道路が新たに設けられている。

08 宝永地震の前に山屋敷に移転していた伊古部・高塚集落

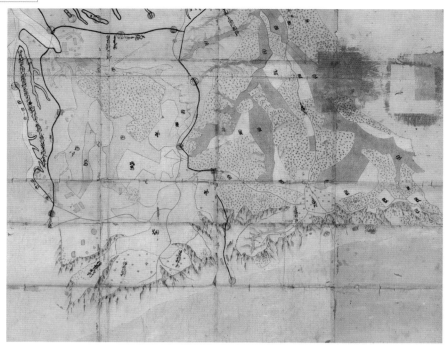

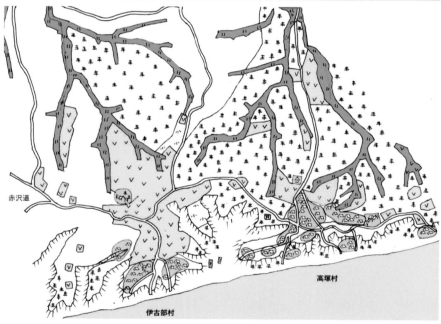

元禄2年（1689）高塚村ほか
七ヶ村野山論裁許絵図

（豊橋市美術博物館提供）

　宝永地震の18年前の伊古部村と高塚村の様子を描いた絵図である。伊古部村はすでに海食崖上に屋敷があり、高塚村も一部の屋敷を除き高台の山屋敷に移転していたことがわかる。また、絵図には七根村から赤沢村に通じる東西の集落を結ぶ生活道路（表浜街道）が海食崖上に描かれている。

　1707年の宝永地震では、白須賀・長谷・細谷・小島・小松原・寺沢・七根の浜辺にあった集落が、軒並み大津波に飲み込まれ壊滅的な被害を被った。

　一方、高塚・伊古部以西の集落は（低地にあった池尻・堀切などの一部の集落を除くと）、地引き網の漁船や漁網が流失したという被害記録はあるが、津波により家屋敷が流されたという記録は見つかっていない。

　下の資料は貞享3年（1686）の地震の翌年に高塚村が浜屋敷から山屋敷へ移転したという古文書の記録である。

古文書に残る貞享地震（鈴木源一郎2013より抜粋）　　　高塚村の『田中八兵衛文書』には、「貞享3年（1686）8月5日の大地震により家裏山が崩れ、大分の家がその下敷きとなったため、やむなく山屋敷に家を普請した。3か月弱の日数を要した」という記述がある。宝永地震の21年前に貞享地震が発生し、高塚村では海辺にあった浜屋敷の裏山（海食崖）が崩れて、大部分の家が下敷きになったため、高台の山屋敷に移転したというのである。

　この貞享地震については、「赤羽根村で浜辺が欠け、兄弟3人が生き埋めになった」「高塚、西七根、城下などの部落が浜屋敷から山屋敷へと移転した」という記録が残されている。

　1707年の宝永地震の大津波で壊滅的な被害を受けた白須賀〜七根までの集落は、600〜2,000mほど北方の高台へ移転したため、海辺の砂浜を通っていた伊勢街道から遠ざかることになった。

　一方、赤沢村や伊古部村では、宝永地震により「八ツ時津波ニテ村々網船漁道具残ラズ流失、谷ハ山に埋まり、山ハ崩レテ谷ニナリ、人馬共死ス　赤沢両伊古部に三、四ヶ所五、七町四方ノ海中濱中ニ嶋山出来申候」と『田中八兵衛文書』に記されているように、海食崖が大きく崩落している。この伊古部海岸一帯の海食崖の崩落については、14ページで解説していくことにする。

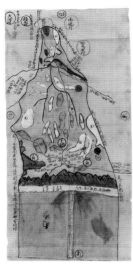
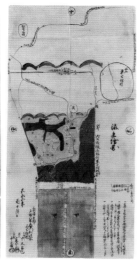
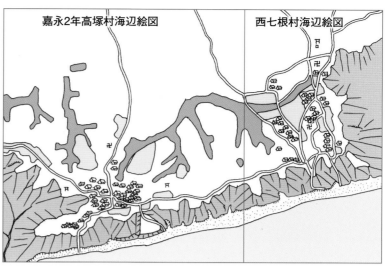

嘉永2年（1849）の高塚村（左）と西七根村（中）海辺絵図（個人蔵・豊橋市美術博物館提供）

　左の2枚は幕末の黒船来航に備えて、高塚村と西七根村を領していた戸田忠道が沿岸部の測量を村人に命じ提出させた絵図である。右は2枚の絵図を合わせて筆者が作成したものである。

　1854年の安政東海地震の5年前の高塚と西七根の両村の景観が描かれている。前ページの1689年の絵図面と比べると、高塚村は海食崖の中腹や浜辺にあった家が移転していることがわかる。両集落とも海食崖上の台地に集落が立地しており、表浜街道も海食崖の上を通っている。

最新の豊橋市都市計画図に明治23年の伊古部・高塚集落と道路を重ね合わせる

　1890年から2018年までの128年間の変化を示した地図である。伊古部では海岸付近に残っていた屋敷が北方に移転している。高塚の主要道路は、海食崖上を通っていた旧表浜街道から集落の北側を通る現在の国道42号へと変わっている。

高塚の地形断面図

　海岸まで台地が迫り、高さ70mもの断崖が発達する高塚では、集落が海食崖付近まで分布している。表浜街道（旧道）は海食崖上の高地を通っている。1689年の絵図と比べても、高塚集落や旧表浜街道の位置は変わらず、海食崖の波浪による侵食も現在まであまり進んでいない。

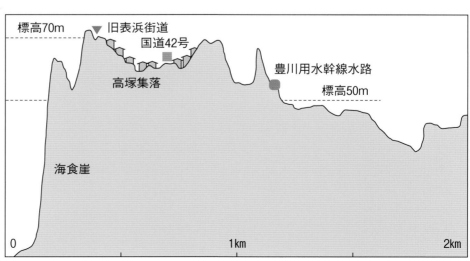

09 江戸時代の古文書に記された伊古部海岸の大崩落

江戸時代の宝永・安政地震で海食崖が大崩落した伊古部海岸一帯（赤枠は崩落箇所）

　鈴木源一郎の『一名主による宝永地震文書と二つの神社の奉納絵馬』(2013)には、宝永と安政の地震における伊古部村や高塚村の海食崖の崩落を記録した古文書が紹介されている。

　宝永地震(1707)については、『高塚村免定書付』の中に「大地震で、山が崩れ海へなぎひいた」、『上細谷旧記』にも「大地震で、谷ハ山に埋まり、山ハ崩レテ谷ニナリ、…赤沢・両伊古部に3,4ケ所で500〜700m四方ノ島山ガ海中・浜中ニ出来申候」という記述がある。

　安政東海地震(1854)における伊古部村の被害状況については、『下永良陣屋日記』の地震翌日の記録に「伊古部村字大羽根山 海中江押出し候趣 凡八丁（およそ800m）余沖江押出候趣申出候」。さらに10日後の日記にも「並ニ大羽根山凡横巾壱丁(100m)程、長八丁(800m)斗沖江押出シ」と、伊古部村内の大羽根山崩落の規模が詳しく記されている。

明治31年(1898)頃に奉納された伊古部神社の絵馬

現在(2019年)の伊古部海岸の様子（Google mapから作成）

明治31年(1898)頃に伊古部神社へ奉納された絵馬　（伊古部神社所蔵）

　絵馬には「伊古部は海浜の百個余りの一集落であり、漁猟で生活しているが、湾岸の四丁(400m)程に暗礁が大小数個あり、漁網や舟楫全てに障害を与えてきた。多数決で岩石を海中爆破で粉々に砕くことに決めた。明治30年11月28日に始め、31年1月16日に完了した。大昔からの障害が短期間で取り除かれた」ということが書き記されている。

現在の伊古部海岸の様子（Google mapから作成）　左下の斜め写真はGoogle mapを使って、絵馬に描かれた120年ほど前の伊古部海岸に合わせるように作成したものである。2枚を比べると、海食崖の形状や砂丘の位置が驚くほど一致する。絵馬には海中に点在する暗礁も描かれている。伊古部村の大羽根山の場所については未だ特定されていないが、本書では、『下永良陣屋日記』の「安政東海地震(1854)で伊古部村字大羽根山が横幅100m、長さ800mほど崩落し沖に押し出された」という記述と、崩落から44年後の1898年頃に奉納された『伊古部神社の絵馬』の「伊古部の海岸線400m程の間に大小の暗礁が散在していた」という2つの記述の関連性に着目した。地形・地質的な観点から、『下永良陣屋日記』にある安政地震で崩落した大羽根山の位置は、豊橋市野外学習センターが建てられている一帯であろうと推定した。

海食崖に見られる赤沢泥層　崩落の根拠として、前ページ上段の東赤沢～高塚の海食崖の写真を見ると、この一帯では黄褐色の豊島砂層の下に、灰白色の赤沢泥層が標高27～10mの位置に帯状に連続して分布する。

伊古部町にある豊橋市野外教育センターは、右の写真のように海食崖を削り取ったような場所に建てられている。野外教育センターや高塚海岸へ下りる道路あたりでは、灰白色の赤沢泥層が不自然に途切れていることに気付く。

地理院地図より

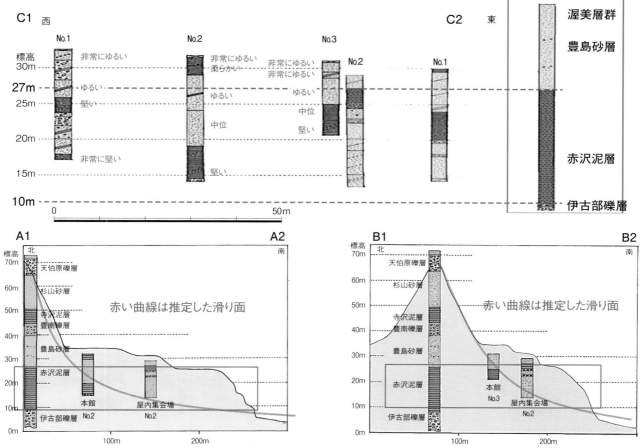

伊古部海岸の豊橋市野外教育センターのボーリングデータ（豊橋市教育委員会提供）

C1-C2は地質柱状図を東西方向に並べたものであり、本来なら右端に示した模式柱状図のように標高35～10mには豊島砂層と赤沢泥層が見られるはずであるが、東西100m弱の間にある5本の柱状図には全く連続性が見られない。さらに上部は非常にゆるい堆積物であると記載されている。

A1-A2、B1-B2は南北方向の断面図である。背後の標高70mの天伯原面から急崖になり、35m前後で施設が建てられている平坦面になり、再び急崖をなして砂浜へ続く。断面図内の赤色の曲線は、安政東海地震で大羽根山が崩落した際に生じた滑り面を推定した線である。崖から崩落した大量の土砂は海まで達し、その後の大津波の引き潮で800m先まで運ばれたものと考えた。標高25m付近からの急崖は地震後に波浪による侵食でできた海食崖であろう。

高塚海岸の海食崖　両側には灰白色の赤沢泥層が見られ、中央の海岸に下りる道路のある箇所が背後から押し出されたような地形になっている。形状から宝永地震の際の崩落で形成された地形であろうと考える。

明治以降の高塚・伊古部海岸の変化

1968年

池田芳雄氏撮影

2018年

1955年頃の高塚海岸のサンドスキー場（神戸敦氏提供）

　戦前から高塚海岸には浜砂が風で吹き上げられてできた「高砂」と呼ばれる巨大な砂丘があり、戦後は「高塚のサンドスキー場」として賑わった。

高塚の砂丘の変化　　　高塚の砂丘は1959年の伊勢湾台風で流出し、規模が縮小した。上は10年後に撮られた1968年頃の砂丘の様子である。下の2018年の写真では砂丘上に植生が広がっている。

1890年当時の高塚海岸

（1890年の1/2万地形図）

　高塚海岸の西側の砂浜が狭い。1849年の『高塚村海辺絵図』にも高塚の海岸線は17町5間（1862m）、白砂の広い場所は31間（56m）、狭い場所は7間（13m）であると記されているので、幕末〜明治前期には高塚の砂丘がなかった可能性もある。

2008年の高塚海岸の空中写真

（『地理院地図』より）

　減少した砂浜の沖合に潜堤（離岸堤）を1982年に設置したことにより砂浜の幅が回復している。

　1890年の地形図と比べると、この頃の高塚海岸は現在よりも砂浜が狭かったことにも気付く。

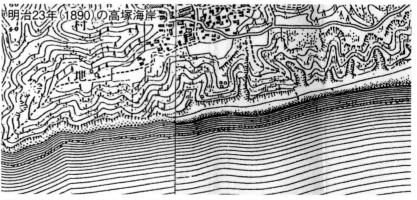

明治23年（1890）の高塚海岸

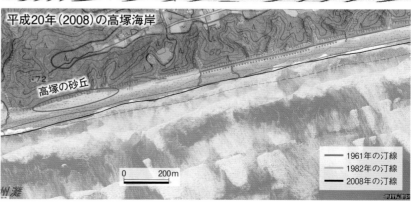

平成20年（2008）の高塚海岸

高塚の砂丘

0　　　200m

遠州灘

地理院地図

	1961年の汀線
	1982年の汀線
	2008年の汀線

豊橋市都市計画図と当時の写真から見た伊古部海岸の砂浜の変遷

1979年の砂浜を失った伊古部海岸 （写真は伴哲夫氏提供）

1967年頃に伊古部海岸に消波堤が設置されると、次第に砂浜が狭まり、砂浜が消滅の危機に瀕した。

2008年の砂浜が回復した伊古部海岸
沖合500mに潜堤が設置された後、砂浜が次第に回復した。2009年の伊古部海岸の写真では、海食崖の下に小さな砂丘ができ始めた。

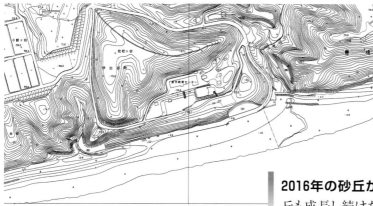

2016年の砂丘が成長した伊古部海岸
砂浜の拡大ととも砂丘も成長し続けた。2019年の写真では伊古部海岸の砂丘は高さ20mにまで拡大した。

伊古部・高塚海岸の風向調査
（2019年1月26日観測）

台地上は渥美半島特有の冬季の北西風が強かったが、海食崖下では風向が南西風に変化した。伊古部海岸では砂丘に向かって砂を吹き上げていたが、高塚海岸では砂丘に平行するような風向であった。

伊古部海岸の潜堤(離岸堤)の設置と砂浜の変化

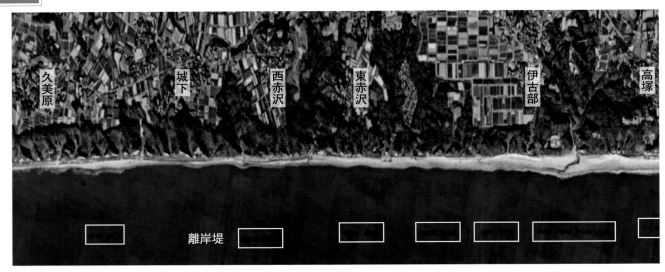

久美原　城下　西赤沢　東赤沢　伊古部　高塚

離岸堤

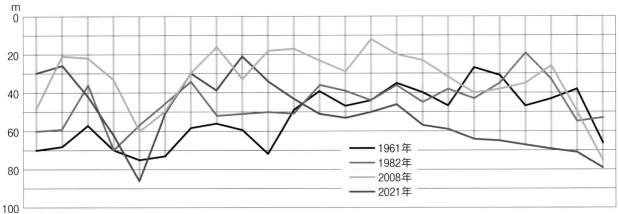

1961〜2021年の六連久美原〜高塚海岸の汀線の変化(『地理院地図』とGoogle mapから作成)

　地理院地図(1961、1982、2008年)とGoogle map 2021年の空中写真を利用して、久美原〜高塚までの6.5kmについて250m間隔で汀線までの距離を測って砂浜の変化を調べた。

　黒色の折線が1961年の汀線で崖下からの平均距離が53mであり、砂浜がほぼ平均して広がっていた。

　オレンジ色の2008年では平均距離が40mで全体に減少している。特に久美原〜西赤沢海岸では砂浜の減少が大きかった。最も早く潜堤を設置した伊古部海岸のみが増加に転じていた。青色の2021年とオレンジ色の2008年を比べると全体的に砂浜の面積が増加している。

　上の空中写真はGoogle map 2021年の空中写真の南北を2倍に伸ばして、砂浜の幅を強調してある。海中の白枠は潜堤(離岸堤)の位置を示している。この空中写真から潜堤の位置と砂浜の幅との関係が読み取れる。潜堤の背後にある砂浜は拡大しているが、城下や久美原のように潜堤の西側では砂浜が消失し著しく狭まっている。

砂浜が消失した久美原海岸 (2018年11月)

　久美原海岸の砂浜は、1961年には幅が70mあった。海岸に下りる観光用道路と駐車場も整備され、観光地引き網体験ができた。現在では砂浜の流失が深刻化し、干潮時でも消波ブロックの前面まで波が打ち寄せている。

　伊古部海岸で見たように潜堤の設置は、砂浜を回復するのに極めて有効な手段ではあるが、砂浜のバランスを大きく崩す原因にもなる。

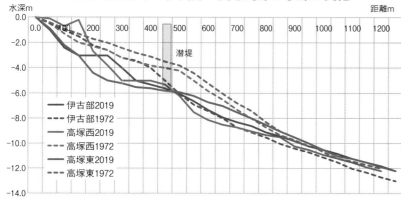

1970年の豊橋市都市計画図　伊古部・高豊地区

2019年の汀線

0　　　　　　500m

1970年の伊古部海岸の都市計画図に2019年の汀線を重ねる

（東三河建設事務所のデータから作成）

　1970年代に減少し続け消滅が心配された伊古部海岸の砂浜が、500m沖に設置された離岸堤（潜堤）により回復している。

1972年と2019年の伊古部－高塚海岸の水深の変化

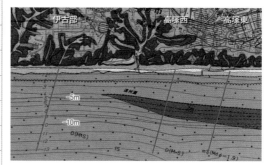

水深m　　　　　　　　　　　　　　　　距離m

潜堤

凡例：
伊古部2019
伊古部1972
高塚西2019
高塚西1972
高塚東2019
高塚東1972

沿岸海域土地条件図『田原』に加筆

1972年と2019年の伊古部－高塚海岸の水深の変化（地理院地図と東三河建設事務所のデータより）

　国土地理院の1/2.5万『沿岸海域土地条件図・田原』（1973）には、1972年に沿岸海域を調査した1m間隔の等深線が載っている。これと東三河建設事務所から提供された2019年の伊古部〜西七根沿岸の水深調査結果を合わせて47年間の水深の変化をグラフ化した。

　点線が1972年、実線が2019年の水深である。伊古部〜高塚海岸では1972年には緩やかに傾斜する遠浅の海底が広がり、東の高塚側の方が遠浅であった。47年間に沖合800mまでの海底が深くなったが、-10mよりも深くなると大きな変化がない。高塚東では潜堤のある500m付近の海底では砂堆が厚さ2mほども失われ、砂の総量が減ってきたと考えられる。2019年の高塚西では汀線から170m付近まで水深1m以下の浅瀬が広がるなど、潜堤の設置により沿岸部の海底の変化が大きい。上段の伊古部〜高塚間の汀線変化では、1970年以降は砂浜が拡大しているので、潜堤付近の堆砂が海浜の砂として供給されてきたとも考えられる。

1972年と2018年の城下－赤沢海岸の水深の変化

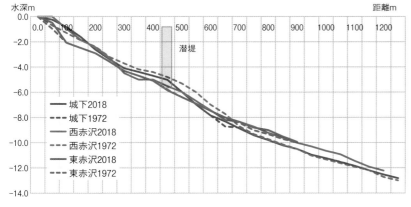

水深m　　　　　　　　　　　　　　　　距離m

潜堤

凡例：
城下2018
城下1972
西赤沢2018
西赤沢1972
東赤沢2018
東赤沢1972

城下－赤沢海岸の水深の変化

（東三河建設事務所のデータより）

　城下〜赤沢海岸の方が、伊古部〜高塚海岸よりも水深の変化が少ない。潜堤のある500m付近までの海底の傾斜量が1.16/100ほどで緩やかになっている。沖合1km付近の水深は11m、傾斜量は1.13/100ほどで伊古部－高塚海岸と大きな違いはない。

　嘉永2年（1849）の高塚村海浜絵図で実測された沖合10町（1,090m）で深さ3丈6尺（11m）の傾斜量は1.00となり現在の値とほぼ一致する。

林織江の旅日記から伊勢街道を読み解く

林織江が訪れた伊古部・赤沢海岸

文化元年（1804）に吉田（現豊橋市）の女流歌人林織江は、伊良湖明神参詣に出かけ、往復14日間の旅をしている。この旅で伊良湖村の糟谷磯丸に偶然出会い、彼の和歌の才能を見出すことになる。

織江は野依から伊古部へ出て一泊し、翌3月12日（新暦4月21日）伊古部から赤沢まで浜辺を歩き、次のように書き記している。「いこべを立出赤沢といふ浜辺にて　白波のよするなぎさにひろふてふ…空は晴ながら、きのふの雨のなごりもよふして、風いとふ吹てうらかぜすさまじくいさごを吹かけしかば、めもきり

大山　城下　赤沢　蔵王山　伊古部

2021年2月1日大場可氏撮影

ふたがりて、浦つどふもものうく、これよりはくが路（陸路）をたどらんと、赤沢山しひの木の森などこえ行に、道はつづら折りにして、あしのたちばもいといとあやうし、からふじて木の根、草のかづらなどをよぢて、やうやう城下へ出る」。砂塵の舞う赤沢海岸から陸路に変更しようと、幾重にも折れ曲がり足場も危ない坂道を木の根や草のつるにすがりついて上り、やっとのことで城下に出たという。

この林織江の記述をもとに、『高豊史』（1982）では「文化年代の熊野（伊勢）街道は木の根・草かずらが生い茂り、昼なお暗い嶮しい道であったようだ。…この文面から推すと当時の熊野街道は道が幾重にも折れまがり、随分に嶮しくあったことが想像される」と解説している。織江の日記の一節が江戸時代後期の伊勢（熊野）街道全体の有様を象徴するものとなっている。

地形断面図から林織江のルートを検証

『地理院地図』で地形断面図を作成し、林織江のルートを検証すると、次のようになる。陸路で城下村へ行くためには、標高5mほどの砂塵が吹き付ける赤沢海岸から高さ60m以上の海食崖を登る必要があった。

地形断面図をたどっていくとわかるように、幾重にも折れ曲がった坂道とは、標高60mの高台にある西赤沢村から海岸へ下りるために海食崖につくられた漁師の道であり、幾重にも折れ曲がり上り下りにも苦

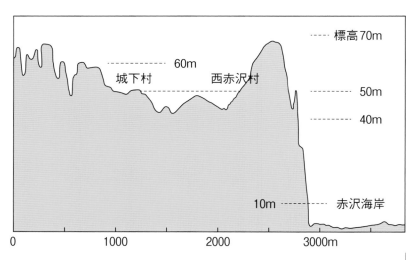

標高70m
60m　城下村　西赤沢村
50m
40m
10m　赤沢海岸

0　1000　2000　3000m

労するようなとんでもない急坂であった。当時数え年で68歳であった織江が、この海食崖につけられたけわしい急坂を、木の根や草のつるにすがりつきながらやっとの思いで登り切り、西赤沢村から表浜街道（村人の生活道路）を使って城下村へと向かったということになろう。

この海食崖につけられた急坂を登った時の苦労話が、伊勢街道全体にまで拡大解釈されて、「渥美半島の太平洋沿岸は、年々波浪浸食され崩壊し続けてきた。そのたびに街道を変更し新道は旧道に比べ高地へと移動してきた。そのため、坂道の多い交通にも不便な道になってしまったようである」という『渥美郡史』（1923）などの記述へと結びついていったものと考えられる。

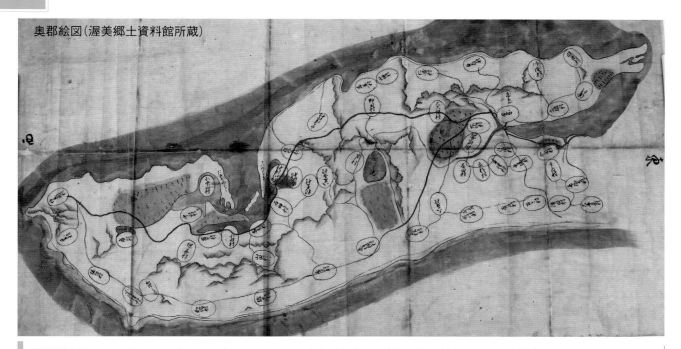

奥郡絵図（渥美郷土資料館所蔵）

奥郡絵図（田原市博物館所蔵の絵図）　この江戸時代（年代不詳）の奥郡絵図には、海食崖上に記された表浜集落を結ぶ街道（赤色）だけでなく、久美原村〜日出村まで海岸線に沿うように引かれたオレンジ色の線も見られる。つまり表浜海岸の砂浜を歩くルート（伊勢街道）も存在していたのである。

奥郡村絵図（御厨野文庫所蔵の絵図に加筆）

　この絵図は豊橋市側の表浜集落が海食崖上にあるので、1707年の宝永地震以降に作成されたものであろう。

　表浜を通る街道が示され、細谷〜浜田までは海食崖下の砂浜を、浜田〜日出までは海食崖上の集落を通っている。

　上下2枚の絵図からは、江戸中期以降も表浜海岸が街道として機能していたことが考えられる。

　『田原町史・下巻』（1978）を読むと、「貞享元年（1684）

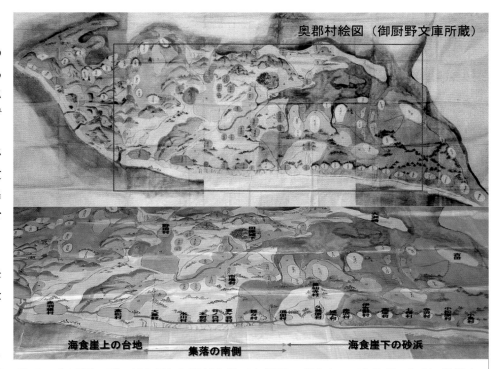

奥郡村絵図　（御厨野文庫所蔵）

海食崖上の台地　　集落の南側　　海食崖下の砂浜

当時の参勤交代のため登城の節は、吉田領の百々村を通り七根村を経て白須賀へ出たものであるが、おもに海岸を通過したものと考えられる。海岸への降り口は百々浜の時も、浜田番場や西谷ノ上から浜辺へでたとの事である。七根は現今の西七根の浜から伊勢街道へ登り白須賀に出たものである」と書かれている。

　『高豊史』（1982）でも、「（1800年）当時の人達は、陸路の熊野街道をさけ、海づたいに西へ東へと行き来するのが常であった」とある。湖西市の『長谷元屋敷遺跡第2次調査報告書』（2004）にも、「遠州灘の浜は真砂の砂で乾けば足を取られ歩きにくいが、波打ち際は常に濡れているためアスファルトのように固く歩き易いため、伊勢街道は波打ち際を通っていた」とあり、波打ち際の伊勢街道は補修の必要のない街道として利用され続けていたと言えよう。

14 畔田城の崖下に城下村が本当に存在していたのか

畔田城と城下村　『渥美郡史』(1923)に次のような記述がある。「高豊村大字豊南(旧名城下)に畔田屋敷というのがある。城址ともいっている。南面は太平洋の波浪に洗はれて崩壊した為に高さ七八十尺もある絶壁をなして居て、北部に濠の址を有して居る。土地の人は昔此所に城のあった頃、村民は城の南の平地に居住して居たから、城下といったのであるが、崩壊のために次第に高台に引越して、今は城址が最も海近くなったのであると伝えて居る」

　渥美半島の激しい海岸侵食を物語る事例として、この「城下」の伝承がしばしば扱われてきた。

畔田城があったとされる城下海岸(2018年撮影)

　海岸から見上げると、標高60mもの海食崖が絶壁のようにそそり立つ。崖の下部は灰白色の赤沢泥層が標高20mまで堆積し、雨に濡れるとつるつるに滑る垂直の泥層の壁は登ることはできない。上部は砂礫層になっており、この断崖の上に畔田城の遺構がある。600年ほど前にこの断崖の下に城下村があったというのである。

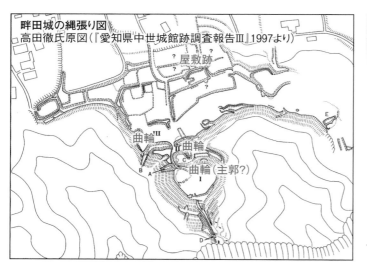

畔田城の縄張り図
高田徹氏原図(『愛知県中世城館跡調査報告Ⅲ』1997より)

畔田城(『定本 東三河の城』1990より)

　「豊橋市城下町にある畔田城は、天文年間(1532～55)頃に創建された畔田氏の本城である。城址は高さ50m余の絶壁上にあり、2つの大谷(侵食谷)に囲まれた台地上に縄張りされている。本曲輪は最も高所に位置し、面積は25m×34mで北東に大土塁と空堀をめぐらし、この方面を大手口としている。本曲輪の南西側の近くまで侵蝕が進み、いずれは消滅する運命にある」

　この畔田城の縄張り図を都市計画図に重ね合わせると、下図のようになる。

畔田城周辺の地形・地質
(豊橋市都市計画図2016とGoogle map)

　東隣の赤沢海岸が年間0.4mずつ侵食されてきたといわれてきたが、600年前の畔田城址は、今でも海食崖の先端部に残っている。海食崖の赤沢泥層や砂礫層は、急崖をなして砂浜に至る。海食崖の東に露頭が切れて植生に覆われた部分があるが、これは宝永地震で崩落した海食崖の一部であると考えられる。

『赤羽根町史』(1968)などにも記載されている海底に没した城下村

「今から500年程前に太平洋岸最高部、伊古部の丘陵、海抜60mの地点に、黒田右京之進という武士が城を築いた。城の南方海岸部に低地があって、ここを城下村という。ところが、現在の城下部落（豊橋市城下町）は、昔の本丸の半ばまで断崖となっている。城下村も水田も今は沖合はるかの水中に没し去ったのである。今の海岸から沖へ七、八町（700〜800m）の所に岩があり、地引網の保護のために、この岩の牡蠣殻をとる作業が行われた（赤羽町史）」、「潜水作業の職人のいうには、海底に寺の門前や城の門構えに用いられるような大きな石がそのままあるとのことであった（渥美町史・上巻1991）」

本当に700mもの沖合まで城が広がっていたのか、あるいは大石が沖にまで流されたのだろうか。

赤沢泥層から崩れ落ちた泥層の塊
（『国府高校の表浜崩壊研究』1967より）

城下海岸の赤沢泥層と崩落してきた泥層の塊を撮った昭和40年頃の写真である。

礫層・砂礫層・砂層・シルト（泥）層の侵食度を調べた報告書には、「シルトを含んだ赤沢泥層は地層自体が固く、粒子が大変緻密なため水を跳ね返してしまい、ほとんど侵食されない」と書かれ、赤沢泥層は極めて固く侵食に強いとまとめている。

豊川用水渇水対策のために掘られた深井戸のボーリングデータ
（豊橋市高豊土地改良区提供）

ファームポンド横に掘られた深井戸には海面下60mにも達するものがあり、今まで報告されてこなかった渥美層群の堆積状況がわかる。城下海岸では赤沢泥層の下に、砂層・泥層・砂礫層の順に堆積していることがわかったが、岩盤は存在していない。

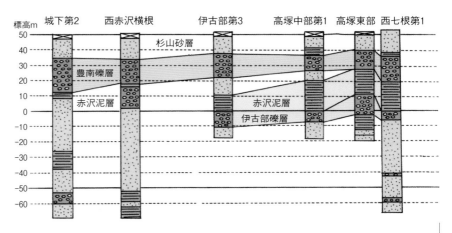

土塁と土堀に囲まれた畔田城址は、14世紀後半の南北朝時代の遺構である。南朝方の遠江への補給路として伊勢街道が使われていた。畔田城の役割については、南朝方の補給路を遮断するために、北朝方の畔田氏が城下海岸を見下ろす崖の上に築いた前線基地としての砦だったと推測することもできる。

海岸線の後退量が年平均0.4mよりもはるかに少なく、現在の城下海岸の状況とあまり変わらないとすれば、畔田城の役割も明確になる。畔田砦からは眼下の砂浜を通る伊勢街道を見下ろすことができ、弓矢等を使って南朝方の物資の補給路を遮断することは極めて容易であっただろう。

また、城下海岸の沖合700〜800mに「寺の門前や城の門構えに使われるような大きな石があった」というような話は、城下周辺にもある。城下〜七根の沿岸には、暗礁が点在し地引き網の障害となっていたという記録がいくつも残されているのである。前述した伊古部神社の絵馬（1898）でも、沿岸400m間に大小数個の暗礁があり水中爆破して取り除かれている。高塚村と西七根村の海底測量海浜絵図（1849）の裏書には、それぞれ「海底に沈岩間々御座候」「岸水底沈岩門これあり、海上には見えず」、七根海岸には二ツ山かかり（岩場）があったという。これらは伊古部海岸のように大地震で海食崖が崩落し、大津波の引き波で沖合まで運ばれた赤沢泥層の塊（岩塊）が、海中に沈んだまま残され海草の茂る暗礁となった可能性が高い。そう考えると「畔田城の南方に城下集落と水田があり海岸侵食により失われた」という話は、疑わしくなると言えるだろう。

渥美半島の分水嶺と表浜街道の関係

上下2組の地図は何れも『地理院地図』を利用して作成したものである。

上段の黒い線は、太平洋と三河湾との分水嶺である。渥美半島東部の分水嶺は太平洋岸に連続し、池尻川を除く大部分の河川が三河湾側へ北流する。

下段の赤い線は、1890年の地形図に示された表浜街道（主要道路）のルートを『地理院地図』の色別標高図に加筆したものである。

上図の寺沢〜東神戸の赤色の表浜街道は、海岸からの侵食谷が内陸部まで入り込む寺沢〜西七根、伊古部〜城下、百々では内陸部を通る。一方、台地が海岸まで迫る西七根〜高塚、六連〜東神戸では、海食崖付近を通っている。渥美半島東部の寺沢〜東神戸では、太平洋岸を走る分水嶺（黒い線）と表浜街道（赤い線）のルートが見事に一致していることがわかる。

下図でも、表浜街道は侵食谷が深く切り込む百々、大草〜一色の西までは侵食谷を避けるように谷の北側を迂回する。台地が海岸まで迫る六連、東神戸〜南神戸、赤羽根では海食崖の上を通っている。渥美半島中央部の六連〜赤羽根でも、東部と同様に太平洋岸に連続する分水嶺（黒い線）と表浜街道（赤い線）は見事に重なる。高松一色のように背後に山地が迫る場合は麓の斜面を通る。大山南麓でも同様であった。つまり、表浜街道は最も水はけの良い尾根（分水嶺）を選んでいることに気付く。渥美半島の尾根を通る道が半島南岸を縦走していたのである。

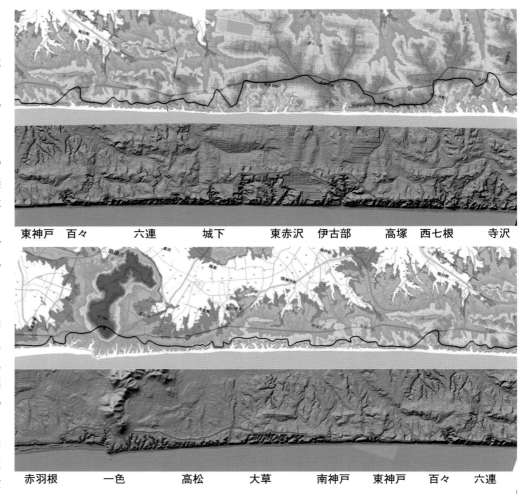

東神戸　百々　六連　城下　東赤沢　伊古部　高塚　西七根　寺沢

赤羽根　一色　高松　大草　南神戸　東神戸　百々　六連

最新の田原市都市計画図に明治23年の六連集落と道路を重ね合わせる

1890年から2018年までの六連地区の変化を示した地図である。旧表浜街道（緑線）は集落より南の海食崖の断崖付近を通っていたが、集落の北側に新道（現国道42号）が通ると、海食崖付近の屋敷は新道側へ移転している。なお六連では、新谷の北に1935年入植の富山、南に1988年に新浜団地が加わっている。

久美原
富山
新谷
新浜
東浜田
西浜田
百々

	現国道42号
	旧表浜街道
	1890年道路
●	2018年住宅
	1890年集落

0　　　500m

16 東神戸の分水嶺を通る表浜街道と集落移転

1890年以降の集落移転

城下以西の旧表浜街道（緑線）は、集落南側の海食崖の断崖付近を通っていた。

海食崖付近から集落が移転したのが、百々・東ヶ谷、谷ノ口、旧本前である。集落北側にオレンジ線の新道（現国道42号）が通るとともに、海食崖付近の屋敷は新道へと移転した。この地域の海食崖上の保安林の中には「元屋敷」の跡が各所に残っている。

———	現国道42号
———	旧表浜街道
———	1890年道路
•	2018年住宅
▨	1890年集落

2021年の東神戸　Google map

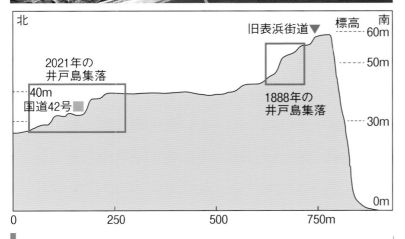

地形断面図から見る井戸島集落の移転　上の空中写真の黄色の直線部分を断面図にしたものである。1888年の井戸島集落は海食崖の赤枠内にあり、表浜街道は海食崖上を通っていた。2021年では井戸島の宅地は国道42号の両側に移転している。

東神戸（東ヶ谷）地区の集落移転

1888年の東神戸の井戸島と三軒屋の宅地は、海食崖の北側斜面に集まっており、旧表浜街道も集落南の海食崖上を東西に通っていた（上図）。その後、集落は次第に北へ移転していき、現在は元屋敷の跡が保安林になっている。

鈴木啓之（1956）の聞き取り調査によると、「集落移転の要因は、海食崖の崩落、強風対策、耕地の隣接の3つである。海食崖の崩落問題については1944年の東南海地震による影響が大きく、また1953年の13号台風の影響も甚大であった。耕地に隣接することの理由として、漁業不振の影響が見られ、耕地の拡大が北部への進展の原因になった」と分析している。

しかし、1917年の地形図を見ると、すでに東の井戸島と三軒屋の集落が北側に移転を終えており、その後に西の集落も現在の国道42号付近まで移っているので、東神戸では東南海地震以前に集落移動を終えていたことになる。

1944年の東南海地震で東神戸の海食崖は、27ページのように表浜街道付近まで大規模に崩落している。次ページからは、地震と表浜海岸の崩落の関係について述べていくことにする。

25

17 昭和東南海地震で崩落した表浜の海食崖

東南海地震（1944年）の体験談（表浜地域づくり情報誌『潮騒』2003より）

「地区民が総出で地引き網をしていた南町海岸でのことです。突然、地面からゴォーという地鳴りが聞こえ、海岸全体に土煙が立ちこもりました。…煙が去り、私の目の前に現れたのは、海岸線の至る所で大規模な崖崩れが発生していた情景です。幸い地震直後の津波に襲われることなく皆無事でしたが、…」

1944年

2021年

南神戸の空中写真（上：米軍撮影・田原市博物館提供、下：Google map2021）　1944年12月7日、震度6の強い揺れが渥美半島を襲った。この昭和東南海地震から3日後の12月10日に米軍のB29偵察機が渥美半島上空から撮影した空中写真に、南神戸の海食崖の崩落現場が写っていた。上の写真を見ると、海食崖が全て崩落し、崩れた土砂が砂浜まで広がっている。地震直後に表浜一帯にも津波が到達した。しかし、宝永や安政地震と異なり、この時の津波の高さが1mと低かったために、砂浜には崩壊した土砂が流されずに残された。B29が撮影した伊良湖岬～六連海岸までの空中写真を判読すると、大草～六連海岸の海食崖が全て崩落したことがわかった。

昭和東南海地震の体験談（東神戸の鈴木哲氏：当時12歳の証言）　東南海地震でホウベの崖がたくさん崩れた。三軒屋（東神戸の東端・六連百々境）から海に行く道もあったが、行けなくなった。東ヶ谷（東神戸）では、今は西島から海岸に下りる道路（自動車も通行可）が一本だけになった。崩れる前には崖のノリ（斜面）には、小さな松の木などが生えていた。

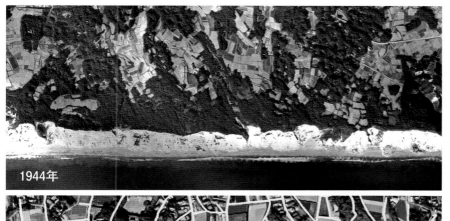

1944年

1944年12月10日の東神戸

　B29が撮影した東神戸の空中写真である。鈴木哲氏の証言のように、標高55mほどの海食崖が全域で崩落している。白く写っているのが崩落した海食崖と砂浜に広がる土砂で、波打ち際の薄い灰色の部分が砂浜だと思われる。

2021年

東神戸海岸の地番図から作成

　最新の空中写真に地番図の道路を重ねて、新旧の東神戸一帯の様子が読み取れるようにした。戦前の様子を示す地番図では海食崖上の旧表浜街道や海へ下りる道が5本も確認できた。地引き網に行くための崖の道が、東南海地震による崖の崩落で全て失われたのである。

安政東海地震と昭和東南海地震で崩落した東神戸海岸

　崖が切れた所が百々境である（2018年撮影）。

百々境

鈴木佐平太の『神戸記』（1907）に記された安政の大地震

　「安政元年（1854）11月4日、大地震。…此日たるや、漁夫は網を引付おり候が、地震の為、浜の欠（崖）は裂け、浜辺は白煙となり、広き所数十間も欠込崩れ、弥々皆死を覚悟、浜にて一同大念仏を唱え、陸へ帰ること不能。無據、東百々村、井戸谷へ行き、是より上陸し、いずれも其の揚がり道に困難したが、漸く衆人我家へ帰り、然れ共、微震未だ止まらずして、海面大いに轟き、一見すれば南大王崎より大山の如き大ツナミ、東の方より同じく大ツナミ、其の前凡そ海面二十丁位潮干となり、然る所、東西より斜に大ツナミ寄来り、欠六七合迄海となり、是をツナミと言ふ。…此の時迄は浜辺に六七尺（182〜212cm）廻り大木沢山有之。何れよりも道なくして浜へ下り、欠（崖）に草刈場、山刈場等あり。此時より以来浜辺は欠込の為赤欠（崖）と相成りと云ふ」。なお、東ヶ谷村（東神戸）在住の鈴木佐平太は、安政東海地震時には9歳であったので、大人から聞いた話を記録したものと思われる。

　以上は1854年に発生した安政東海地震に襲われた東神戸海岸での惨状である。大津波の被害を除けば、90年後の昭和東南海地震と極めてよく似た状況が発生している。震度6の地震で海食崖は土煙とともに崩落し、海食崖上に通じる道が全て失われている。そして、地震で崩れる前の海食崖は法面に松などの樹木が繁り、浜辺には自由に下りることができていたというのである。

18 赤羽根海岸の崩落と西集落に集中した家屋の倒壊

赤羽根村を襲った1944年の昭和東南海地震 （東三河『穂の国通信』15号特集2007より）

「赤羽根村西集落の鈴木孫市は、地震発生時、表浜海岸で網の手入れをしていた。西北の方向から大きな地鳴りが、ドン！ドン！ドン！として、「なんだ?」と思った瞬間に、西の方から揺すれてきた。一度は立ち上がったけれど、あまりの揺れに立っていられなくて、浜に這いつくばってしまった。ひどい揺れがおさまるまでは、皆、その場に座り込んでいた。

揺れがおさまって東の方を見たら、海岸の崖がダーッと崩れていくのが見えた。まるで砂がこぼれるみたいに欠けてきた。その後、集落の方に目をやると、もうもうと煙が上がっていた。これは火事だ、村が危ないと思い、必死で駆け戻った。

しかし、目にした煙は、火事による煙ではなかった。家屋の倒壊による土煙。立ちこめる土と砂の中を、集落の人々が右往左往していた。一瞬ホッとしたけれども、それからが大騒ぎ。年寄りが「地震の後には津波が来るで、船を浜へ上げろ」と言うので、また浜へとって返した時には、海がいつもよりずっと遠くまで引いていた。皆で船を上げている最中にも、津波が寄せてくる。それほど大きな津波ではなくて、歩く程度の速さだったけれども、上げても上げても津波がついて来るのだから、往生した」

1968年

赤羽根海岸と海食崖上にある赤羽根集落（田原市博物館蔵）

昭和東南海地震から24年後の1968年の赤羽根西海岸の様子である。鈴木孫市氏はこの浜で昭和東南海地震に遭遇したのである。土煙を上げて砂がこぼれるように崩れていった細かいマミ砂の海食崖は、雨によって刻まれた縦筋の雨裂によってマミ砂層が深く侵食されている。

過去の大地震でも崖が崩落した赤羽根海岸

赤羽根海岸でも大地震の度に海食崖が崩落してきた記録が、古文書の中に残されている。

『田原町史・中巻』（1975）に納められている貞享地震（1686年）の記述では、「赤羽根村ニ而ほうべかけ候て子ども三人いづれも兄弟之由相果申候。姉十妹七ツにて弟三ツ男子也」とあり、崖崩れで3人の幼い兄弟が亡くなっている。

『赤羽根町史』（1968）にも安政東海地震（1854年）の記述が見られる。「6月14日地震、11月4日ひる四ツ時大地震、大石ほうべ、二の谷ほうべ、ごせんほうべ、ばんばつまで崖崩れる、九ツ時津波、八ツ半時までにおだやかになる、船はくだけ、網道具はこなみじんに破れる」。大石と二の谷は一色ノ磯の西側にあるが、ごぜんほうべ、ばんばつは不明である。

渥美半島では昭和東南海地震の津波の高さは1m程度であったが、安政東海地震では6〜10mもの高さの大津波が押し寄せ、赤羽根村と池尻村の境を流れる池尻川を遡上して、池尻村に浸水被害を与えた。

家屋の倒壊に着目すると、太平洋岸に面した表浜一帯では、赤羽根村の被害が大きかった。赤羽根村の中でも、若見・越戸・高松などは被害が少なかったが、赤羽根西集落の東側と池尻集落の被害が大きく死者も出ている。さらに、西集落でも海食崖に近い一部の区域に倒壊家屋のほとんどが集中していたのである。鈴木孫市がもうもうと立ち上がった煙を見て、「火事だ」と思い込んだのも、この西集落で倒壊した家屋から出た土煙だったのである。

東南海地震と三河地震で倒壊した赤羽根西の家屋（『赤羽根の古文書・近代史料編』2006より）

昭和19年12月7日午后2時頃大地震アリ、…僅カ5分内至10分間、海ハ別ニ津浪程ノコトナシ、家ニテハ土蔵倒壊家ハ尺位カタムク、長屋ノ西9尺ノヒサシ落ツ、土蔵潰レテ箪笥長持等滅茶滅茶焼物類破損多シ、膳乃箱類大略破損、西枝古ニテ住宅ノ潰レハナシ　住宅ノ潰レハ堂瀬古ニテ横田菊平、大武瀧次郎、鈴木秋義、市場ニテ宮本嘉十、鈴木政平、根本寅次、鈴木定吉、鈴木豊次、岡村栄吉、横田賢吉、玉越亀助、斉藤進、鈴木初次、鈴木哲其外4,5軒。…20年1月13日午前3時頃亦相当ノ地震アリ、朝ノ7時頃迄ハ絶エ間ナク震エリ、市場鈴木由蔵家長屋瓶小屋全部潰レ、鈴木□吉潰レ、組合事務所潰レ、鈴木利兵衛潰れ、…

その前の安政東海地震でも倒壊した赤羽根西の家屋（『赤羽根の古文書・近世史料編』2005より）

嘉永7寅年（1854）11月4日 諸国大地震 明卯刻二茶釜位の光物北より南へ通る、昼巳刻二至リ大地震と成り家土蔵店共二大破損、観音堂大損じ庫裏蔵、養性寺御堂庫裏土蔵共二大そんじ、半三郎座敷、灰部屋潰れ家土蔵大損じ、武平潰、新五郎長屋潰、権左衛門灰部屋潰、吉蔵背戸屋つぶれ、重右衛門居宅大痛ミ、次郎右衛門居宅潰、藤九郎灰部屋潰、長太夫灰部屋潰、五助居宅つぶれ、兵助居宅潰、源助潰、清左衛門潰、熊蔵大痛ミ、仙之助長屋潰、松蔵瓦長屋潰、久八土蔵潰、居宅大損じ、金兵衛居宅潰、助六瓦長屋潰、八兵衛潰、地震止と津浪上リ3度引返し、浜道具ハ不残流、…塩上り場所者馬引田迄届ク上浜田文七畑下之畑土手へ弐尺斗リ懸リ、茂川辺へ海ノ魚類いろいろ入込鮒、鯔、どじやう、川魚ハ不残塩ニて死ス、…

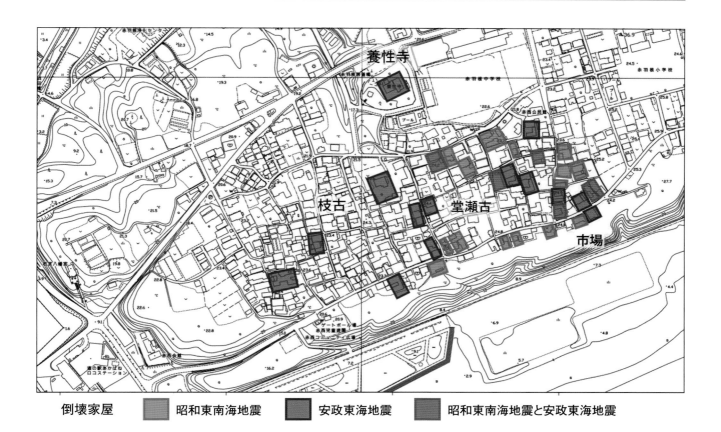

倒壊家屋　■昭和東南海地震　■安政東海地震　■昭和東南海地震と安政東海地震

安政東海地震（1854年）と昭和東南海地震（1944年）による赤羽根西地区の倒壊家屋

古文書に記された安政東海地震と昭和東南海地震の倒壊家屋の位置を、地元の古老に聞きながら特定し、可能な限り住宅地図に書き込み、都市計画図にまとめた地図である。2つの地震の倒壊家屋を重ね合わせると、90年の時を経て発生した巨大地震ではあるが、いずれも赤羽根西集落の堂瀬古・市場を中心とする限られた区域に被害が集中していたことが明らかになった。

さらに、取材を進めると「（地図の一番北に位置する）養性寺から斜めの範囲には、大きな屋敷を建ててはならない」という言い伝えが地元にあることも分かった。

19 震度6の地震のたびに崩落していた表浜の海食崖

南神戸谷ノ口海岸（1966）

1966年の谷ノ口の海食崖（国府高校1968）

　昭和東南海地震から22年経過した崖錐部には、樹齢20年以上の松が自生していた。

2020年

2020年の谷ノ口の海食崖　　左の写真から54年経過した海食崖は崖全体が植生に覆われ、砂礫層の露頭が見えなくなっている。

「渥美半島表浜の崩壊および礫に関する研究」（国府高校地質部1968より抜粋）

　「谷ノ口海岸の後浜と崖の境には、長さ100m、幅数mの浜堤がある。この付近の海食崖は、小さな松や雑草でおおわれ、傾斜がゆるく高さは50m程である。汀線から浜堤の上までの高さは5m余りである。浜堤の裏側は窪地になっており、一面クマ笹でおおわれ、直径20cm程の（樹齢20年を越す）松が何本か生育している。波食などの被害は全く受けていない。

　…これらの松は伊勢湾台風（1959年）以前から生育しているにちがいない。もし伊勢湾台風以後に崖の上部から落ちてきたものとすると、現在崖の上部の松が枯れているように、浜堤の裏にある松も、当時の激しい潮風にもまれて、もう枯れているはずである。それに幹も曲がっているにちがいない。少しも枯れずにまっすぐに生長していることから、上部の崖から崩れ落ちたのではなく、台風の時も現在と同じ位置にあったということが言えよう」

　崖下にある浜堤が伊勢湾台風の激浪でも流出しておらず、浜堤背後の崖下に樹齢20年以上の松が生育していた。昭和東南海地震の崩落以降、13号台風（1953）や伊勢湾台風においても、谷ノ口の海食崖まで波浪による侵食が及ばなかったという有力な証拠にもなるだろう。

安政東海地震でも海食崖が崩れていた谷ノ口海岸（『赤羽根の古文書・近世史料編』2005より）

　「嘉永7年寅年（1854）大地震（安政東海地震）…尤4日ハ天気能候而網懸候、谷ノ口村ニ而両三人、浜田村両人ほふべ崩れ下ニ成て死ス。浜辺ハ津浪ノ気味合あり、余程高汐揚、谷ノ口浦ニ而者欠ケ（崖）下江8尺（240cm）位も打付ケ候、汐登り候様子網守夫ハ船流し候得共遠ク流レ行ハ不致」（『天保14年・年代変事附留』より）

　東神戸の両隣にあった谷ノ口や浜田でも、安政東海地震により鈴木佐平太の記録と同時刻に、ほうべ（海食崖の上部）が一斉に崩落し、下敷きになり死者まで出ていたのである。

「片浜十三里皆がけくづる」（清田治2003より）

　古文書を集め『渥美半島における嘉永東海地震の実状』をまとめた清田は、「田原領内表浜一圓の地震津波による欠け崩れについては、間数延7,184間余で、幅は平等（平均）5間5寸3分と検分されている。だが、今尚、欠け込み崩れ場所が多く正確には捉えることができない」と記し、「おそらくこの時の崩壊が現在の海岸線の基底を成したものと思われる」と述べている。田原領内の表浜の長さは和地〜六連までの22kmで、その内13kmが平均9.2mの幅で崖崩れを起こしたというのである。

　1944年の米軍の空中写真でもほぼ同程度の長さの海岸線で崩落が認められた。安政と昭和の2つの南海トラフ地震の震度6の揺れで、海食崖は大規模な崩落を起こしていたのである。

20 海食崖の崩落と津波の襲来を想定した避難計画の必要性

南海トラフ巨大地震のたびに引き起こされてきた海食崖の崩落　100〜150年周期で発生している南海トラフ巨大地震の震度6の揺れで、表浜の海食崖が一斉に崩落した。城下〜七根海岸では「山が崩れて　海中へ押し出され島をなした」というように海食崖全体が滑落し沖合まで達するような大規模な崩落が起こり、赤羽根〜六連海岸では「浜の崖が土煙を上げて欠け崩れた」というように海食崖が広範囲で崖崩れを起こしていることが今回確認できた。表浜の海食崖は、次のようなサイクルで崩落と再生を繰り返してきたと考える。

① 　南海トラフ巨大地震が発生すると、震度6以上の揺れで海食崖の前面が植生とともに一気に崩壊し、土煙をあげて砂浜に滑落する。宝永4年（1707）と安政元年（1854）の2つの地震では、高さ6〜7m大津波が表浜一帯に襲来し、砂浜に崩落した土砂が流れ去った。

② 　崖表面の地層が、豪雨により深く削られ侵食される。特に侵食に弱いマミ砂（細砂）層には縦筋の深い雨裂が生じる。台風時の波浪による侵食によって、崩落した崖錐部などが流出したが、海食崖の前面が大きく侵食されるような波浪の影響は少なかった。

③ 　海食崖表面に植生の再生が始まるとともに、豪雨による法面の侵食が弱まっていく。植生により海食崖の崩落が食い止められ、安定した時期が次の巨大地震が起こるまで長く続く。

なお、豪雨や長雨で地盤が弛むと、崖の前面や侵食谷の側面では小規模な崖崩れは発生する。

昭和東南海地震から今年で77年になった。表浜の海食崖を見ると緑色の植生が繁り、崖崩れの傷跡も消し去っている。また、地震の体験者たちも90歳を過ぎ、災害の記憶も薄れてきた。

『渥美半島太平洋岸の海岸利用の実態と津波防災に関する調査研究（2004）』より

下記は、豊橋技術科学大学在職中の青木伸一先生たちが発表された論文の抜粋である。

「過去の地震の調査により、大規模地震では渥美半島太平洋岸の海食崖が崩壊し避難路が絶たれる危険性は極めて高い。最悪のケースを想定すると、以下のような状況が容易に想像できる。

暑い夏の週末、予知なしに大地震が発生した。そのとき、海岸には1kmあたり100人以上の人出があり、その多くはサーフィンを楽しんでいた。

地震の轟音とともに砂煙をあげて一斉に崖が崩れはじめた。崖の前の道路にひしめきあって停めてあった車のいくつかは土砂に埋もれて動けなくなっている。海岸へのアクセス道路脇の崖も崩れて道路は通行不能になってしまった。海岸に設置してある警報装置がけたたましく鳴って避難を促している。

岸にいた人々は、はじめ車で逃げようとしたが、道が塞がっていることを知って車をあきらめたようだ。海でサーフィンをしていた人々は、しばらくして異変に気付き一斉に海岸を目指して走ってきたが、その時にはすでに潮が引き始めていた。海岸に孤立した人々は必死に崖の上に避難しようとしているが、崖は崩れやすく、思うように登れない。そのとき、はるか沖合に波頭を白くした津波の壁が見えた」

海食崖の崩落を加えた避難計画の策定を　愛知県の「津波災害警戒区域」に表浜海岸が指定されている。内閣府モデル検討会の資料をベースに、第1波の到着を豊橋市9分後、田原市12分後と想定し、津波の高さの最大値を19〜22mとして、防災対策や避難訓練が行われている。

他方、大地震の震度6程度の揺れで崩落を繰り返してきた表浜の海食崖については、崖の上と下に建物がないことにより、愛知県の土砂災害情報マップの『土砂災害警戒区域』には指定されてはいない。そのため表浜を使った避難訓練は津波からの避難誘導を主体としている。本書で明らかにしてきたような背後の海食崖が崩落するという認識がなく、避難想定からも全く抜け落ちている。南海トラフ地震が今後30年間に発生する確率は、豊橋市や田原市は70〜80%とされる。防災関係機関の海食崖の崩落も加えた防災計画策定と避難訓練が早期に実施されることを切に願わずにはいられない。

海食崖の崩落を避けて移動したと言われた赤羽根の民家は

やせ細る渥美半島表浜地帯（1966年10月1日の中日新聞夕刊より）

昭和41年の中日新聞に次のような記事が掲載された。

「渥美半島の表浜地帯は荒波による浸食で、年間平均約1㍍ずつ海岸線が削り取られている。このままではしまいには半島の中央部が切れて島になってしまうと、地元民たちは早急な防止工事を望んでいる。…赤羽根町で県道が浸食のため明治、大正、昭和の三代にわたってそれぞれ造り変えられ、そのうちの明治の道路はほとんどが砂浜化したり、海のなかになってしまっている…このため住民たちは住み家を山側へ移転しなければならなくなっている。とくに赤羽根町は海ぎわまで人家があり、浸食度は年間最高約2㍍に及ぶところもあり、少し海が荒れると潮しぶきをかぶり大騒ぎしている。

（昭和）34年からやっと浸食防止工事が始まり、いままでに防波堤（高さ3㍍）重力壁（高さ5.5㍍）などの浸食防止堤が延長約千㍍できたが、建設中1,494㍍を合わせても7,500㍍にしかならない。…この調子では半島全域に浸食防止堤ができるのは18年から20年もかかるといい、毎年、大きな浸食被害を出している住民たちをやきもきさせている」

赤羽根・八柱神社の元宮付近　昭和40年代前半／個人蔵

海食崖上に残された赤羽根・八柱神社の鳥居
（『赤羽根町治山事業の歩み』1966より）

「赤羽根中の八柱神社は、昭和40年に北方の現在地に移転したが、かつては（旧）赤羽根町役場の南方150mの所にあった。この鳥居の前で芝居や餅投げをした記録があり、鳥居の120m先の海岸側に伊勢街道があった。この街道も元禄年間（1688〜1704）から4回も北方に移転し、そのたびに宅地が保安林に変わり、畑が宅地になっている。現在でも保安林の中に宅地跡がある」

海崖崩壊による危険をさけて移転した民家（『愛知県の地理』1966より）

「赤羽根町中村の伊勢街道沿いにあった家屋は、大正初期に旧県道ができた時移転し、昭和28年以後、この図に示す年代順に再度移転した。古いので記録はないが、江戸時代にも移転している（横田克彦原図）。

元禄時代と今の地図を比較してみると、わずか270年ほどで、最もひどいところは数100mの後退を余儀なくされている。したがって数千年前の石器時代の海岸線は、はるか沖にあり、当時の遺跡は海中に没して跡形もなくなったと考えられる。

このことは表浜海岸に貝塚のない事実からも容易に推測できると思う」

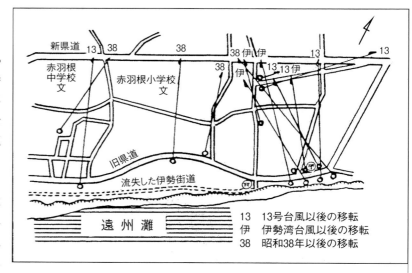

赤羽根地区における集落分布の変化

上下2枚の地形図を比較すると、1890年には、東と中の保安林の中を旧道（表浜街道）が通っている。1918年になると、村有林になっていた保安林が伐採され、道の両側に新しく民家が建てられている。西組でも道の南側の保安林があった所に民家が一列に並んでいる。年平均1mもの激しい海岸侵食のために、民家は内陸側へと年々移動してきたはずではなかったのか。

表浜街道は集落南側の海食崖付近を通っていた。大正8年（1919）から運行を始めた乗合バスもこの細い表浜街道を走っていたのである。赤羽根集落の北側に新しく県道伊良湖・白須賀線（現在の国道42号）が敷設されたのは、終戦後の昭和26年（1951）のことである。

1890年

1918年

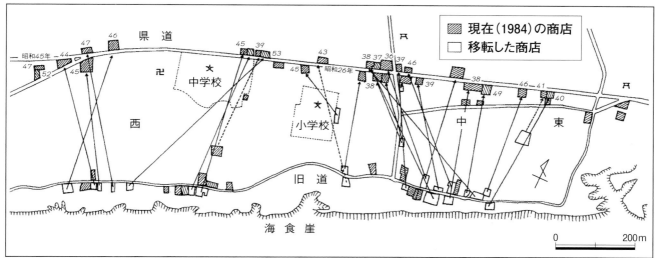

凡例: ▨ 現在（1984）の商店　□ 移転した商店

旧道沿いにできた赤羽根の商店街が交通の便のよい県道へと移転した（1984年に藤城調査）

『赤羽根町史』（1968）では、「明治になって雑貨商、呉服屋、肥料屋、酒屋が現れ、漁業の発達に伴って水産物商人ができ、製造業、製瓦業、産婆等もみられるようになった」とある。

『田原・赤羽根史現代編』（2017）に掲載された「昭和30年（1955）の赤羽根中地区商店街」の地図を見ると、旧道沿いに床屋・美容院・桶屋・鍛冶屋・篭屋・荒物屋・呉服店・酒店・食料品店・魚屋・菓子屋・醤油屋・雑穀店・食堂・割烹・薬局・ラジオ店他、郵便局・信用組合など24店舗が軒を並べており、赤羽根地域の中心商店街を形成していたことがわかる。

上の地図は、筆者が1984年に商店の移転について聞き取り調査したものである。数字は移転した年（昭和）を示す。旧道沿いに進出していた商店は、伊勢湾台風（1959年）以降、交通の便の良い新県道（1951年敷設）へと北に移転し始めた。商店の移転時期は1963〜72年に集中しており、隣の地区への移転は見られない。前ページの移転した民家の多くが、実際には明治以降に進出した商店であった。その後の聞き取りでも民家の移転は限られていることがわかった。

現在の国道42号沿いには、ドラッグストアーやホームセンター、コンビニが新たに進出している。

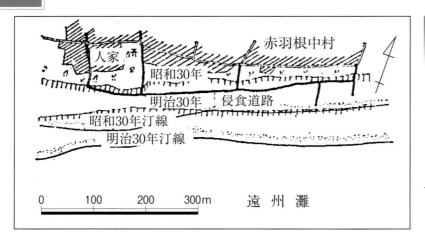

赤羽根の侵食変化図

『海岸－30年のあゆみ－』（1981）に掲載された明治30年（1897）～昭和30年（1955）までの赤羽根海岸の海食崖と汀線の後退を示す図である。赤羽根海岸では60年間に55m、年平均0.9mも海岸線が後退しているとして、海岸の侵食防止事業の必要性を説いている。

※「侵食道路」とは侵食されて、失われた道路を示している。

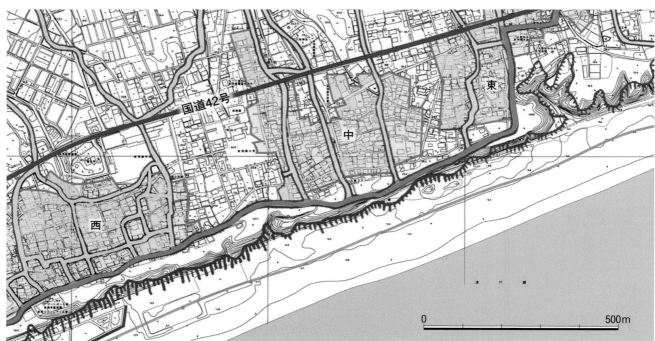

2016年測図の田原市都市計画図に1890年測図の地形図の集落や道路、海食崖を加筆

　上図は赤羽根地区の都市計画図に1890年に実測された地形図を同縮尺に拡大し重ね合わせて作成したものである。1890年の集落が桃色、道路が黄線、旧表浜街道が緑線、海食崖が茶線、汀線が青線であり、126年前の位置を示している。海食崖や道路、集落が大きく変化していないことに気付く。

　上の『赤羽根の侵食変化図』では、海食崖が1897～1955年の60年間に波浪による侵食のために年々後退し続けていると書かれていた。改めて1890年と2016年の地図を重ねた結果、赤羽根地区でも海岸線の後退は確認されなかったことから、赤羽根地区でも海岸線の後退については疑問が残る。

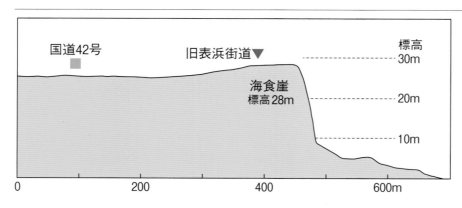

赤羽根集落の地形断面図

　標高10m以下が砂浜、海食崖の標高は28mであり、旧表浜街道は海食崖上の分水嶺を通っていた。なお赤羽根漁港の防波堤建設により、赤羽根側の砂浜は拡大し続けている。

赤羽根中〜東の空中写真に鈴木三十郎屋敷や厳王寺などの位置を加筆（Google mapを利用）

鈴木三十郎家住宅の配置図（2000年の調査報告書より抜粋）

「鈴木三十郎家は15代続く庄屋を勤める赤羽根の旧家であり、網元を兼任していた。曹洞宗厳王寺の過去帳によると、初代鈴木政継（1539〜1622）は享年82歳で亡くなっている。

5代目義一（？〜1751）の記述に、「此ノ代居宅建替普請等 致サレ□□ ノ地面買入當家中興…」とあり、土地を買って地面をかさ上げしたと書かれていることから、義一以降には現在地に屋敷が建っていたと考えられる」

8代目加快（1795〜1865）の記述には、「三十之時遺跡ヲ継家業ヲ倍増スル…」とあり、この代で家業が栄えたことが分かり、現在の居宅（主屋）ができあがったものと考えられる。

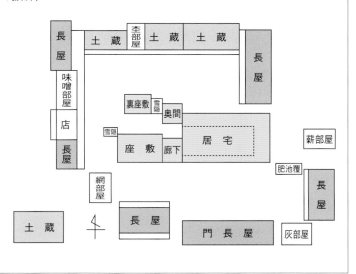

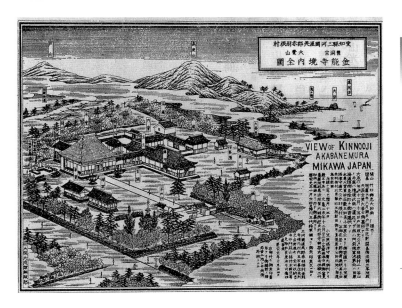

厳王寺（「愛知縣三河國渥美郡赤羽根村曹洞宗大覚山金能寺境内全圖」より）

大永6年（1526）戸田政光公ヨリ赤羽根村二ノ谷山ノ分東ハ権現沢南ハ濱辺マデ西ハ門前御當次第北ハ田原海道限御免除即チ御寄進状アリ

赤羽根町寺山にある厳王寺は、1500年に開山して以来、現在の地を移動していない。また、赤羽根町東瀬古にある庄屋であった鈴木三十郎屋敷も1750年以前から現在の地に屋敷を構えていたことがわかった。

1966年

1966年の赤羽根漁港
（三河港務所提供）

池尻川河口に建設中の赤羽根漁港を撮った空中写真である。漁港は工事中であるが、東西に長さ350mの防波堤が沖に向かってのびている。東の赤羽根側と西の池尻側の砂浜の幅はそれほど大きな違いは見られない。

2021年の赤羽根漁港
（Google mapより作成した斜写真）

東防波堤の工事は1953〜1993年まで続き、総延長が697mにも延長された。堤防がのびるとともに東側に漂砂が堆積し、台風時に漁港内に砂が侵入するようになったので、先端付近に長さ200mの防砂堤が東向きにのばされた。

一方、砂の供給が激減した西側の池尻海岸では砂浜が消失した。ソフトボールができた砂浜が10年余りでなくなったという。その後の離岸堤設置や漁港東側に堆積した砂を西側に移すサンドバイパス工法により、池尻〜若見海岸の消失していた砂浜が部分的に復元している。

2021年

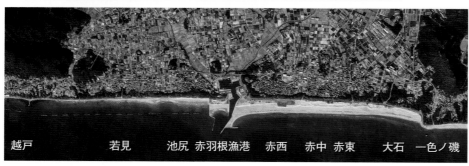

越戸　　　若見　　　池尻　赤羽根漁港　　赤西　　赤中　赤東　　大石　一色ノ磯

赤羽根漁港周辺の汀線変化（『地理院地図』とGoogle mapで作成）

赤羽根漁港の防波堤によって西に向かって流れていた沿岸流が止められたため、赤羽根漁港の東側では、漂砂の堆積が進み、砂浜の幅が200m以上に拡大した。

西側では1982年には砂浜が消失していたが、離岸堤の設置とサンドバイパス工法により幅20〜30mの砂浜が離岸堤の内側に復元した。

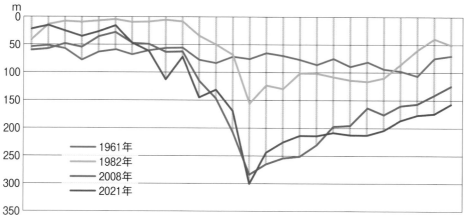

- 1961年
- 1982年
- 2008年
- 2021年

1966年

2019年

砂浜が拡大し続ける赤羽根漁港東側の海岸

1966年の赤羽根大石海岸（国府高校1967）

　1959年から侵食防止工事が始まり、大石海岸でも高さ5mの護岸堤防が設置された。

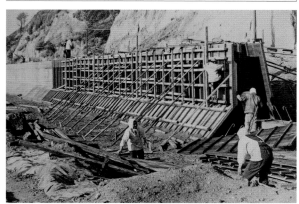

2019年1月の赤羽根大石海岸

　砂浜の幅が200m以上に拡大し、後浜が発達した。後浜には飛砂が堆積し砂丘が広がっている。高さ5mの護岸堤防は駐車場の下に完全に埋もれて見えなくなっている。

赤羽根海岸と高松一色海岸における冬季の風向調査（2019年1月26日観測）

　当日は赤羽根漁港東防波堤の先端まで行くと、吹き飛ばされそうな強烈な冬季特有の北西風が吹き抜けていた。東防波堤付近の砂浜では強い北西風により海浜砂や波が海側へ飛ばされていた。しかし、海食崖の下に移動すると弱い西風へと変わっていた。大石〜一色ノ磯の汀線付近では北北西風が海に向かって斜めに吹いていたが、海食崖寄りでは西風に変わり、大量の飛砂が駐車場（標高6〜7m）まで吹き上げられて、広大な砂丘に供給されていた。

24 渡辺崋山が旅日記に記した池尻川の渡し

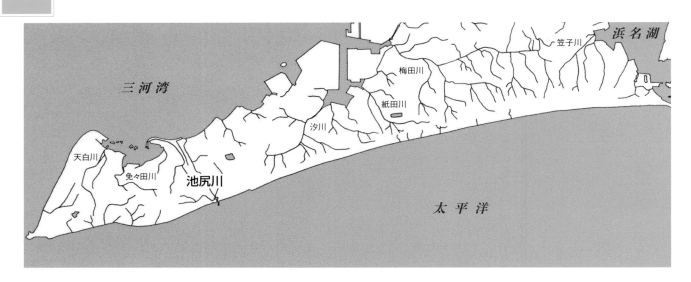

渥美半島の水系図と太平洋へ流れる池尻川　渥美半島にある梅田川や汐川などは三河湾に流入している。太平洋側は池尻川を除けば交通の障害となる川がない。そのため表浜海岸は東国と伊勢や熊野を結ぶ最短ルートとして、古くから多くの旅人に利用されてきたと考えられる。

1954年

渡辺崋山が記した『全楽堂日録』(1833)から

　田原藩江戸家老の渡辺崋山の旅日記から当時の池尻川の渡りの様子が推察できる。「…赤羽根の浜に出づ。天気晴朗いと興あり。…これより浜辺をたどり行、波さかまきておそろし。池尻川をわたらんとするに、此地の漁人等到りて済んとす、銭やる。此川浜沙の中をながれて潮みつる時ハ川幅ひろく渡るにがたし」

表浜に流れ出ていた池尻川(1954) 田原市博物館蔵

　赤羽根と池尻の村境から太平洋に流れ出す池尻川は、増水時や満潮時、海の荒れた時には歩いて渡れなかった。

池尻川の吹出橋(『赤羽根町史』1968より)

　池尻川の下流に長さ36間(65.5m)の木造の常設橋が架けられたのは1880年になってからである。

1890年の地形図に見る池尻川河口

　赤羽根西組集落南の海食崖上を通ってきた表浜街道は、池尻川に橋がなかったため、赤羽根－池尻間が途切れる。地図中に渡船場の地図記号があるように船を使うか、崋山のように干潮時に河口部の砂浜を徒歩で渡るしかなかったのである。

　今では池尻川は精進川とともに赤羽根漁港の中に流入している。

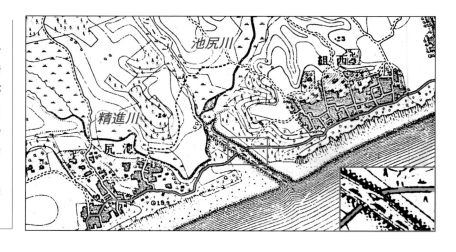

赤羽根漁港の西側に設置された離岸堤

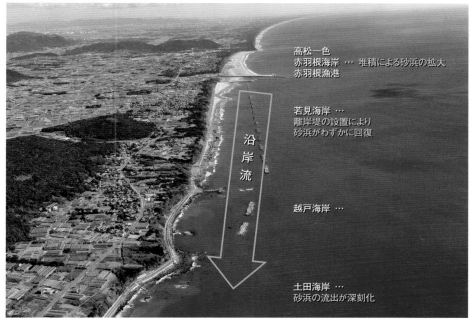

高松一色
赤羽根海岸 … 堆積による砂浜の拡大
赤羽根漁港

若見海岸 …
離岸堤の設置により
砂浜がわずかに回復

沿岸流

越戸海岸 …

土田海岸 …
砂浜の流出が深刻化

2011年の池尻−越戸海岸
（三河港務所提供）

　赤羽根漁港西側にある池尻−越戸海岸で消失した砂浜を回復させる目的で、沖合200〜250mに16基の離岸堤が設置されてきた。

　1950年代には護岸と消波ブロックに波が直接打ち付けていた池尻〜若見海岸に、東側から少しずつ砂浜が戻り、今ではサーフィンができるまでに回復した。

1961年

2021年

越戸海岸の突堤から見た海食崖の変化

2011年の航空写真の手前側の離岸堤の開口部に見える越戸の突堤は1928年に完成した。この突堤から見た左の1961年の写真（田原市博物館蔵）では、ほぼ垂直に削られた砂礫層の崖下に砂浜と岩礁があり、機械船が引き揚げられていて、崖の上には民家も見える。右の2021年の写真では、松の木や民家が姿を消し、護岸堤の奥の海食崖には植生が茂り露頭が見えなくなった。砂浜を失って岩礁が露出した越戸海岸は、護岸堤やテトラポットで波浪による侵食を防いでいる。突堤周辺の岩礁は、1747年に杉山半八郎が名前を記録した時とほぼ変わらず、274年間あまり波浪による侵食は進んでいないようである。

2021年

砂浜が流出した土田海岸
（2021年7月18日撮影）

　越戸の西にある土田海岸の砂浜の流失が年々深刻さを増してきた。砂浜の中にあった岩礁は波間にあり、満潮時にはわずかな砂浜も消える。テトラポットは浜砂利の直撃を受けて激しく損傷し年々崩れてきている。

26 堀切と西ノ浜の海岸線の変化からみた砂浜の消失

昭和20年代後半　堀切海岸　鈴木政一氏撮影

2021年

日出の石門から見た堀切海岸の変化　左：昭和20年代後半（鈴木政一氏撮影）**、右：2021年撮影**

　海食崖のない堀切地区は、宝永と安政の大地震で高さ6mほどの大津波が集落を直撃し、表浜集落の中で最も大きな被害を受けた。保安林には村人によって築かれた津波よけの「貝殻ボタ」が残されている。

　左の昭和20年代後半の堀切海岸には広い砂浜があり、地引き網も盛んに行われていた。

　右の2021年の写真では、砂浜の減少が進んでいる。日出の石門の駐車場や自転車道は、2015年の台風の高潮で大きな被害を受けた。2019年の台風でも自転車道が再び破壊され、4箇所の修復工事が行われている。堀切〜日出海岸でも緩衝帯の役割を果たしていた広い砂浜が失われ、波浪による侵食被害が深刻化しているのである。

神島　城山　常光寺

宝永地震と安政東海地震の津波で大きな被害を受けた堀切地区（大場可氏撮影）

　手前にあるのが城山（常光寺山）で、常光寺本堂の屋根も見える。常光寺は天保年間（1831〜45）に海辺から城山の麓に移転していたので、1854年の安政津波の被害を免れた。

　堀切地区には高い海食崖がなく、集落と砂浜の間に海岸線に平行した高さ7mほどの浜堤があるに過ぎない。

　宝永地震（1707年）で波高6〜7mの津波の直撃を受けた堀切村は、家屋や田畑も呑み込まれた。全ての村人が城山に逃れ2日3晩山中で過ごした。

　安政東海地震でも波高6〜7mの大津波が再び襲来し、ほとんどの村人が常光寺山に逃れた。西堀切村233軒のうち113軒が流失し、死者8人、けが人が60人も出た。田畑一円に土砂が入り境界も分からなくなった。網船や漁道具なども流失した。浜藪に近い所にあった家は、山裾の高台に移転するものもあり、今でも西堀切の南側に元屋敷と呼ぶ地所を持つ家がある。

　東堀切村でも68軒のうち4軒が流失、流失同様が13軒。田畑に石砂が入り、地引網と船が皆流失した。汐除堤・土居敷も残らず欠け崩れた。村人は御林山に逃れた（常光寺年代記より）。

南　1961年　　　　　　　　　　　　　　　　　　　　　　　　　　　　　　　　　　　　北

西ノ浜の離岸堤
堆積　　　侵食

2021年

伊良湖港の建設と西ノ浜の海岸線の変化（上：1961年の『地理院地図』、下：2021年のGoogle map）

　伊良湖港の建設に伴う西ノ浜の変化を比べた新旧2枚の空中写真は、左側が南に、右側が北になっている。伊良湖港の工事は1948年に始まり1964年に完了した。太平洋岸を西に流れてきた沿岸漂砂は、伊良湖岬から伊勢湾に入ると北東に向きを変える。伊良湖港の防波堤の影響を受けて西ノ浜の砂浜は南側から減少したために、離岸堤が二度にわたって設置された。離岸堤内側の砂浜は回復したが、沿岸漂砂の下手側にあたる北側の砂浜は逆に減少してしまっている。

表浜海岸の沿岸漂砂と砂浜の関係を示すイメージ図

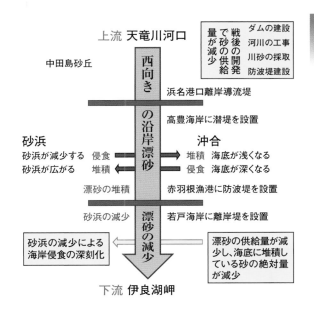

　砂浜の変化は沖と浜の漂砂の移動でも引き起こされる。台風が去った後の陸側の砂浜は平らに削られるが、海側では砂浜から流失した砂が堆積して海底が浅くなる。沖と浜で砂のやりとりを繰り返しながら、沿岸流によって西の伊良湖岬へと漂砂が運ばれ続けている。

　表浜海岸の砂浜の砂礫は、天竜川河口から西に向う沿岸漂砂により絶えず供給されてきた。

　しかし、戦後の天竜川のダム建設、河川改修、川砂の採取等で砂の供給量が大幅に減少し続けた。中田島海岸では、1962〜2004年までに汀線が210mも後退した所もあるという。一方、渥美半島表浜では砂浜の減少が囁かれながらもあまり大きな影響はなかった。

　これは、沿岸漂砂の減少が天竜川河口から始まって徐々に西側へと拡がってきたためである。防波堤や離岸堤が設置され漂砂の移動が止められた時には、下手にあたる西側への供給が減少し、西側の砂浜が急速に消失していく。

日出の石門から伊良湖岬へ

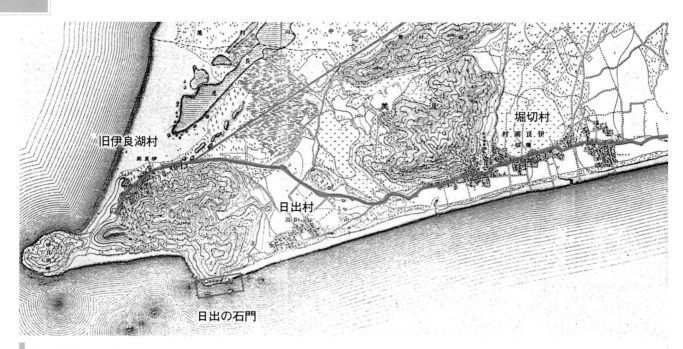

伊良湖岬への道（1890年測図の地形図「伊良湖岬」に加筆）

　上図の緑色の線は旧表浜街道のルートを示す。表浜の別称「片浜十三里」は、浜名湖今切口〜伊良湖岬間ではなく、今切口〜日出の石門までの約52kmをさす。日出から伊良湖岬へ向かう場合には、太平洋岸にある日出村の手前から内陸部を斜めに抜け、1905年まで伊勢湾岸にあった旧伊良湖村に入っていた。

　1803年5月に伊良湖岬を測量した伊能忠敬は、測量日記に「五十子岬前へ忠敬先へ行き一覧するに潮満午後なりては、海岸の往来はなしざるに付、海際の山を上る」と記している。

沖から見た日出海岸（大場可氏撮影）　　上の写真はドローンで撮影した日出海岸である。標高110mの骨山山頂にはホテルが建ち、左奥に伊良湖岬の古山（91m）が見える。日出の石門から骨山南麓を周り、恋路ヶ浜・伊良湖岬に通じる道路が開通したのは1953年である。

　白須賀方面から表浜の波打ち際を歩いてきた旅人にとって、日出の石門から先は砂浜が途切れ、高さ35mもの垂直の断崖絶壁に打ち寄せる荒波に行く手を遮られることになる。伊能忠敬も骨山の山麓部に分け入って伊良湖岬までの測量を続けざるを得なかったのである。

林織江の『伊良古之記』に記された日出・伊良湖・恋路ヶ浜

　文化元年（1804）3月16日「堀切常光寺に詣てぬ　烏丸儀同三司の基を開かせたまふよし　浦辺つたふに、山また山も海の内にありて　石の門とかや誰人かたくみなしけん　唐土のゑを見るやうにおほへ待る、伊良古の明神へは、うしろの山よりよち登りて拝し奉る、いといと神さひて難有　尊さいわんかたなし、岩根松なとかみかみしきまてにおもふ　万代も神さひぬらし伊良古崎　いくよ岩根の松にとはばや　金剛経一巻奉納に奉る　此宵は伊良古崎に草の枕をかる」当時の伊良湖村は伊勢湾に面した7、80戸ほどの半農半漁の漁村であった。

　翌3月17日には宿泊先の庄屋の隣に老母と住んでいた新之丞（後の糟谷磯丸）を見出し、18日に磯丸の案内で小山の崎、恋地の浦に赴き、伊良湖岬で和歌を詠んでいる。

渡辺崋山の『参海雑志』に見る天保4年（1833）当時の伊良湖周辺の様子

　『参海雑志』には、崋山が4月15日に田原を出て伊良湖－神島－畠村（福江）－佐久島－吉良－岡崎藤川から田原に帰る過程が記されている。42ページの1890年の地形図を参考に下記を読んでいただきたい。

　「まずいら子にいたるべし、堀切山尽きて縦横一里の大砂漠となり、西に伊良虞の山隔墻の如く連り、南に日出村の岡あり。これいにしえハ島山にてあなれバ、伊勢の国に属せしを、後に三河の潟につらなれり。…この堀切山をさかい海のうちとの間凡一里の沙原を見ても、いはゆる蒼海変て山となるといえるもをもひ出づ。人住む家ハ明神（伊良湖神社）の山下にありて、ここよりそこに致る道は、ただ松原の間に人路をひらけど、皆砂地にしていはば深雪の中を行が如し。…山下ハ人すめる家ところどころにあり、多くハ瓦屋なり。これハ海風いとはげしけれバかくなりとぞ」

　1890年の地形図に記した緑色のルートを通って崋山一行は旧伊良湖村に着き、翌朝に神島への渡航前に伊良湖神社に参拝し、スケッチ（右図）も描いている。

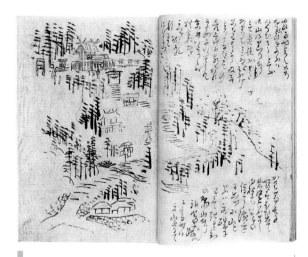

崋山の描いた伊良湖神社（田原市博物館提供）

　1906年に陸軍試砲場着弾地となり、伊良湖神社と伊良湖村は、全村が日出集落の北側に移転している。

左：崋山の描いた小山の鼻
右：伊良湖港ができる前の古山
（2点とも田原市博物館提供）

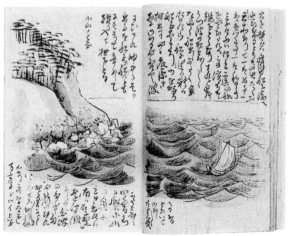

　崋山一行は岬の北側にある小（古）山の磯の浜から長さ6mの小さな漁船をチャーターして神島へとこぎ出した。神島まで白波が逆巻き、荒波にもまれながらの大変な渡りを体験した。

　伊良湖岬と神島の間にある伊良湖水道は、「度合（どあい）」と呼ばれ、昔から海の難所として恐れられ、日本三大潮流の一つに数えられていた。伊勢街道を通る旅人たちも苦労して度合を渡った。現在では伊良湖－鳥羽間の20kmは伊勢湾フェリーで1時間弱で結ばれている。

　国道42号は浜松市から太平洋に沿って渥美半島表浜を走り、伊良湖〜鳥羽間はフェリーボートで渡り、紀伊半島の海岸線（熊野街道）を回って和歌山市に至る。現代版の伊勢・熊野街道はフェリーボートという海上交通で結ばれているともいえよう。

参考文献

*の付いた論文については、インターネットでも検索可能です。

* 『渥美郡史』(1923)愛知県渥美郡役所
『田原町史』上巻・中巻・下巻（1971・75・78）田原町文化財調査会・田原町文化財保護審議会
『渥美町史』歴史編上巻・下巻、現代編（1991・91・2005）渥美町史編さん委員会
『赤羽根町史』(1968)赤羽根町史編纂委員会
『田原・赤羽根史』現代編(2017)田原・赤羽根史現代編編集委員会
『高豊史』(1982)高豊史編纂委員会
『赤羽根の古文書』近世史料編・近代史料編、資料目録編（2005・03・07）赤羽根町史編さん委員会
* 『地理院地図』国土地理院「空中写真」「土地条件図」「色別標高図」「断面図」他
* 『Googlemap』航空写真、3Dマップ
* 『豊橋及び田原地域の地質』(2008)産業技術総合研究所地質調査総合センター
* 『伊良湖岬地域の地質』(2010)産業技術総合研究所地質調査総合センター
『海岸−30年のあゆみ−』(1981)全国海岸協会編
石川定(1967)愛知縣赤羽根漁港水理模型実験報告・中間協議会資料（未発表）
杉山半八郎（1747）『御領内池の数並名之有之岩其外古代より申伝在之場所等之書付』
『長谷元屋敷遺跡第2次発掘調査報告書』(2004)静岡県湖西市教育委員会
『愛知県歴史の道調査報告書XI−田原街道・伊勢街道−』(1994)愛知県教育委員会
加藤克己(1998)田原街道・伊勢街道の古道の調査（その2）、渥美町郷土資料館研究紀要第2号
『東三河津波歴史調査研究業務報告書』(2012)東三河地域防災研究協議会
『とよはしの旗本たち』(2018)豊橋市二川宿本陣資料館
藤城信幸(2008)渥美半島表浜の海食崖の形状に関する一考察、渥美半島の表浜集落における宝永地震の被害状況と海食崖との関係、田原市博物館研究紀要第3号
鈴木源一郎(2013)一名主による宝永地震文書と二つの神社の奉納絵馬、愛知大学綜合郷土研究所紀要58巻
青木伸一・藤城信幸他(2019)渥美半島表浜海岸の海食崖前面に発達する砂丘の形成過程について、日本沿岸域学会研究討論会2019講演概要集、No.32
藤城信幸・平川一臣(2020)渥美半島の古文書記載と宝永・安政地震時の海食崖崩落、中部「歴史地震」研究年報第8号
和田清他(1991)渥美半島・高豊漁港海岸の海浜変形と沿岸漂砂の素過程、土木学会論文集、第38巻

宇多高明他(2011)人工リーフ周辺の地形変化機構に関する実験とBGモデルによる海浜変形予測、土木学会論文集B2（海岸工学）VOl.67
河合光重(1998)林織江の伊良古之記考、渥美町郷土資料館研究紀要第2号
『定本東三河の城』(1990)郷土出版社
『愛知県中世城館跡調査報告Ⅲ』東三河地区(1997)文化財図書普及会
鈴木啓之(1956)渥美半島表浜の集落、愛知学芸大学地理学教室卒業論文
『表浜地域づくり情報誌・潮騒』（1998〜）田原町（市）東部太平洋岸総合整備促進協議会
林哲志(2008)渥美半島上空で1944年12月10日に米軍が撮影した空中写真「3PR-4M34-2V」、田原市博物館研究紀要第3号
平川一臣(2021)昭和東南海地震時（1944,12.7)の渥美半島太平洋沿岸海食崖の崩壊：1944,12.10米軍撮影の空中写真に基づく、中部「歴史地震」研究年報第9号
東三河『ほの国通信』第15号(2007)東三河広域協議会
藤城信幸(2013)田原市における1944年の昭和東南海地震の被害状況について、田原市博物館研究紀要第6号
池田芳雄(1968)渥美半島表浜の崩壊および礫に関する研究、愛知県立国府高等学校地質部
清田治(2003)渥美半島における嘉永東海地震の実状−現存する災害記録から−、渥美町郷土資料館研究紀要第7号
青木伸一他(2004)渥美半島太平洋岸の海岸利用の実態と津波防災に関する調査研究、海洋開発論文集
『渥美半島遠州灘沿岸崩壊記録』(1965)赤羽根町
『愛知県の地理』(1966)光文館
池田芳雄(1985)『大地は語る』広栄社
藤城信幸(2009)赤羽根地区の地形とくらしの変化、田原市博物館研究紀要第4号
石井一希(2007)神社と街道の移転からみた渥美半島の海岸浸食−赤羽根地域とその周辺を中心に（前編）−田原の文化第33号、田原市教育委員会
貝沼征嗣他(2019)遠州灘海岸西部の地形変化と沿岸漂砂量分布の推定、土木学会論文集B2（海岸工学）VOl.75
* InoPedia伊能忠敬e資料館『伊能忠敬の測量日記』
『渡辺崋山集』第2巻日記・紀行（下）(1999)小澤耕一・芳賀登
『伊良湖誌』(2006)伊良湖誌編集委員会
『田原の原風景−古写真の魅力−』(2017)田原市博物館

おわりに

　右の写真は2018年12月に東神戸海岸を沖合から撮ったものです。「はじめに」に載せた東神戸海岸のモノクロ写真から53年後の様子です。海食崖は植生で覆われ、砂浜には護岸壁と消波ブロックが並んでいます。

　本書では海食崖後退の最大の要因は、100〜150年周期で発生してきた南海トラフ巨大地震（震度6以上）による崖の大規模な崩落であるとしました。

崖下に崩落した土砂はその後の大型台風などの高潮により流失しました。やがて崖の斜面に植生が再生するとともに海食崖の崩落は収まり、現在は安定期に入っていると説明しました。

　政府は南海トラフ巨大地震の発生確率を「30年以内に70〜80％」と発表しています。宝永・安政・昭和の巨大地震の度に発生した海食崖の崩落が、次の南海トラフ巨大地震で再び崩落する割合はかなり高いと考えます。

　60年ほど前まで地引き網が行われていた表浜海岸には、波や魚を求めて県内外からサーファーや釣り客が訪れるようになりました。崖下の道路にはたくさんの車が駐められています。しかし、表浜海岸は海食崖付近に建物がないために、愛知県の『土砂災害警戒区域』に指定されていません。また、田原市や豊橋市の地震防災計画や津波からの避難訓練には、海食崖の崩壊は全く考慮されていません。せめて崖の崩落の危険性は周知しておくべきだと考えます。

　海岸侵食は砂浜の減少からも考える必要があります。表浜海岸の砂浜は天竜川河口から西へと流れる沿岸流によって運ばれている漂砂によって形成されてきました。しかし、戦後のダム建設、河川改修、川砂の採取等で天竜川から供給される沿岸漂砂の減少問題が、天竜川河口から始まり徐々に西へと影響が拡がってきました。また、赤羽根漁港などの防波堤は沿岸漂砂の移動を阻止し、下流側の砂浜は急速に流失していきます。砂浜を保全するために設置された離岸堤や潜堤は背後の砂浜を回復させるのには有効ですが、下手の西側では消失を招くなど砂浜のバランスを大きく崩す原因ともなっています。

　波浪による海食崖の侵食を食い止める緩衝地帯の役割を果たしてきた豊かな砂浜を失えば、表浜海岸の海岸侵食はこれまで以上に深刻化していきます。伊良湖岬へと向かう沿岸漂砂の移動ルートが阻止されないような方策を採りながら、より長期的な視点でバランスのとれた海岸保全を考えていくことが求められています。

　本書をお読みいただいた方々や地元の皆様に、表浜海岸に関心を持っていただき、海岸保全について考えていただけることを願っています。最後までお読みいただきありがとうございました。

　本書をまとめるにあたり、北海道大学名誉教授平川一臣先生、土木研究センター宇多高明先生、大阪大学青木伸一先生、愛知県東三河建設事務所小澤資卓課長、田原市建設部志賀勝宏建設監などの皆様から貴重なご助言をいただきました。田原市役所、田原市博物館、豊橋市教育委員会、豊橋市美術博物館、三河港務所、東三河建設事務所、成章高等学校林哲志先生などからは多くの資料を提供していただきました。発刊にあたっては、神野教育財団から助成をいただきました。ここに改めて感謝申し上げます。

藤城　信幸

【著者紹介】

藤城 信幸（ふじしろ　のぶゆき）

1954年、現在の愛知県田原市に生まれる
愛知教育大学地理学教室で地形学について学ぶ
社会科教師として渥美郡内の小中学校8校に勤務
2015年に田原市立和地小学校長を最後に定年退職
現在、愛知県立成章高等学校非常勤講師
著書に『図説－渥美半島 地形・地質とくらし』（2019）がある

図説 渥美半島太平洋岸の海岸線を追う
── 表浜海岸の侵食を見直すことから ──

2021年12月10日　初版第1刷発行　　定価：本体1,400円（税別）
2022年 1 月26日　　　第2刷発行

著　者＝藤城 信幸

発行者＝山本 真一

発行所＝シンプリブックス（株式会社シンプリ）

　　　〒442-0821 豊川市当古町西新井23番地の3
　　　Tel. 0533-75-6301　　Fax. 0533-75-6302
　　　https://www.sinpri.co.jp

ISBN978-4-908745-14-0　 C0244